新型微纳传感器前沿技术丛书

总主编　桑胜波

石墨烯基自旋电子学及其微纳自旋传感应用

葛阳　著

西安电子科技大学出版社

内容简介

本书系统地介绍了石墨烯基自旋电子学及其微纳自旋传感应用。全书共7章。第1章介绍了石墨烯自旋电子学概念，第2章介绍了石墨烯自旋电子学计算中用到的理论研究方法，第3章到第6章介绍并讨论了电场效应、量子尺寸效应以及双层石墨烯纳米片中的转角效应等非磁方式对石墨烯电子的自旋性质的调控，第7章对新型石墨烯基自旋传感器件及其应用进行了总结和展望。

本书适合已经具备半导体器件物理基础知识的高年级本科生和研究生阅读，也可为政府部门、碳基半导体材料企业以及相关科研机构等主要从事新型微纳电子传感器件研究的人员提供参考。

图书在版编目(CIP)数据

石墨烯基自旋电子学及其微纳自旋传感应用/葛阳著. —西安：西安电子科技大学出版社，2022.6
ISBN 978-7-5606-6424-8

Ⅰ. ①石… Ⅱ. ①葛… Ⅲ. ①石墨烯—自旋—电子学—研究 Ⅳ. ①TM242

中国版本图书馆CIP数据核字(2022)第072647号

策　　划　张紫薇
责任编辑　马晓娟
出版发行　西安电子科技大学出版社(西安市太白南路2号)
电　　话　(029)88202421　88201467　　邮　　编　710071
网　　址　www.xduph.com　　电子邮箱　xdupfxb001@163.com
经　　销　新华书店
印刷单位　陕西日报社
版　　次　2022年6月第1版　2022年6月第1次印刷
开　　本　787毫米×960毫米　1/16　印张　9.5
字　　数　136千字
定　　价　25.00元
ISBN 978-7-5606-6424-8/TM

XDUP　6726001-1

＊＊＊＊＊如有印装问题可调换＊＊＊＊＊

前　言
PREFACE

2015年国际半导体技术发展线路图(ITRS)明确指出，信息技术进入了后摩尔时代，提高信息处理速度和降低器件功耗成为当今信息科学时代的发展要求。因此，急需研究开发基于新原理、新材料、新技术和新方法的器件。自旋电子学是一门结合了微电子学、磁学和材料科学的具有革命性的交叉学科，其旨在利用电子的自旋属性来实现信息存储、传递和处理等功能。由于自旋流不同于传统电子学领域中依靠电荷移动产生的电荷流，器件在工作时不会产生大量的热，可以克服日益显著的器件发热问题。因此，自旋电子器件具有集成度高、运行速度快、能耗低等传统半导体电子器件无法比拟的优势，在低功耗信息存储与计算领域具有广阔的应用前景。

石墨烯作为新兴的二维层状材料，具有非凡的电子性质。它不仅拥有超高的载流子迁移率，室温条件下还可实现微米级的自旋输运长度，成为可以构建出原子级厚度、速度和柔性完美结合的新一代纳米自旋电子器件的理想自旋输运通道材料，为自旋电子学的发展带来了新的可能。

在近年来对二维材料研究的基础上，笔者撰写了本书。本书围绕如何诱导石墨烯产生磁性这一科学问题展开讨论，基于第一性原理计算中的密度泛函理论(DFT)，重点探索通过量子限域方式对不同形状、尺寸的零维石墨烯纳米片进行磁性诱导，来实现石墨烯材料电子的自旋注入。此外，我们通过电场效应、量子尺寸效应以及双层石墨烯纳米片中的转角效应等非磁方式对石墨烯电子的自旋性质的调控进行了介绍和讨论。最后，面向“新型异质结”，即石墨烯与其他相关二维(2D)材料形成的范德华异质结，对基于自旋流的新型石墨烯基微纳磁性传感器最新理论与实验进展进行了介绍，讨论了基于石墨烯异质结的自旋电子传感器件。

本书第 1 章介绍了石墨烯自旋电子学概念，第 2 章介绍了石墨烯自旋电子学计算中用到的理论研究方法，第 3 章介绍了零维石墨烯纳米片的自旋注入，第 4 章介绍了基于零维石墨烯纳米片的自旋传感，第 5 章介绍了基于双层石墨烯纳米片的自旋传感，第 6 章介绍了基于低维石墨烯-氮化硼异质结的自旋传感，第 7 章对新型石墨烯基自旋传感器件及其应用做了总结和展望。

在本书编写过程中，太原理工大学微纳系统研究中心主任桑胜波教授和张文栋教授提出了宝贵的意见和建议，并给予了关心和帮助，在此，对他们的支持和鼓励表示深切的感谢。

本书基于作者近年来的研究成果编写而成，这些成果是在国家自然科学基金委员会、山西省科技厅、山西省教育厅及太原理工大学等单位的支持下完成的，借此感谢所有那些为本书花费了宝贵时间的审阅者。为了全面、准确地反映石墨烯自旋传感相关研究的现状，本书整理、归纳了国内外同行的优秀成果，并引用了大量的文献，在此对所引文献的作者一并表示最诚挚的谢意！

关于石墨烯的研究引发了一场新的知识风暴，尽管我们百般努力，但由于时间仓促，书中疏漏之处在所难免，敬请专家、学者和读者批评指正。

注：因为本书为黑白印刷，很多图片看不出效果，且文中对图的介绍中多处以色彩为区别，所以在每章末以二维码的形式给出了彩色图片，供读者参考。

作者

2022 年 2 月

目 录
CONTENTS

第 1 章　自旋电子学概论

1.1 引　言

传统的电子学领域，一直以来都是利用电流来传输和处理数据信息的。然而，电流的传输也为传统计算机与电子器件的发展带来了瓶颈，主要有两个方面：一是耗费大量电力，二是产生大量热量。随着信息技术的跨越式发展和集成电路制造技术的不断改进，传统的硅晶体管尺寸变得越来越小，硅基集成电路的晶体管密度已接近理论极限。随着硅片上线路密度的增加，其工艺复杂性和差错率会呈指数式增长，同时也大大增加了全面测试的难度。如果芯片内连接晶体管的线宽达到纳米级(相当于几个原子的大小)，在这种情况下，材料的物理、化学性能都将发生质的变化，致使采用现行工艺的半导体器件失去正常工作的能力，摩尔定律也就走到了尽头。根据 AMD 公司 2019 年提供的调查报告，从 2015 年 14 nm 的制造工艺开始，新工艺诞生的速度越来越慢，尤其是 2020 年以后，制造工艺逼近 7～10 nm，新工艺诞生的速度完全偏离摩尔定律曲线。此外，根据 AMD 公司提供的另一份制造成本调查报告，从 14 / 16 nm 工艺开始，制造成本急剧上升，尤其最新的 7 nm 和 5 nm 工艺，制造成本已经呈现出翻倍增长的趋势。如果摩尔定律失效，那么半导体行业的发展放缓将影响整个科技行业的推进。因此，提高数据存储密度，加快信息处理速度和降低器件功耗，成为信息科学时代新的发展要求，急需开发基于新材料、新结构和新工艺的器件，这就引发了对非传统半导体材料的广泛研究。

1.2 自旋电子学

电荷和自旋是电子的两个固有属性。从19世纪起，人们基于电子的电荷属性，发展了基于半导体的微电子技术，为第三次工业革命奠定了基础。随着后摩尔时代的到来，硅基微电子器件的结构设计和制造工艺越来越完善，其性能已接近材料性能所决定的理论极限，继续改进和提高硅基微电子器件性能的潜力已非常有限。自旋电子学是一门近几年结合微电子学、磁学和材料科学提出的具有革命性的交叉学科。自旋电子器件同时调节和操纵自旋和电子两个自由度，具有集成度高、运行速度快、能耗低等传统半导体电子器件无法比拟的优势[1]。由于每个电子都有自旋自由度，在自旋电子学中，每一个电子都是一个信息单元，因此，与传统的微电子学相比，新兴的自旋电子学很可能引起芯片技术的巨大变革，成为新一代微电子技术，这无疑将给信息技术和计算机等产业带来革命性的影响。

1988年，法国科学家阿尔贝·费尔发现，在铁铬相间的多层膜中，微小磁场的变化可以导致很高的电阻变化率，此现象即为著名的巨磁阻效应(Giant Magneto Resistance，GMR)[2]。随后在1995年，隧道磁电阻(Tunneling Magneto Resistance，TMR)现象被发现，开辟了隧道磁电阻自旋调制效应的新方向[3]。而巨磁阻效应的发现，使得计算机硬盘的容量从几十兆字节、几百兆字节，一跃而提高了几百倍，达到几十吉字节乃至上百吉字节[4]。在巨磁阻效应被发现后，除了以上提到的磁性多层结构，半导体自旋电子领域中许多新兴的材料，例如磁性半导体[5-6]、零带隙自旋半导体[7]、自旋半金属材料[8]等，近年来也受到了广泛的关注。随着电子器件日益集成化小型化的发展要求，寻找合适的二维或低维自旋电子学材料就成了解决上述问题的最核心工作。

1.3 石墨烯基自旋传感理论

自旋电子器件除了要求能操控电子的自旋属性外，还要求材料具有较高的电子极化率和较长的电子自旋弛豫时间。近年来新兴二维半导体材料不断出现，如石墨烯、磷烯和以二硫化钼为代表的单层过渡金属硫化物等二维层状材料，由于维度的降低，材料的自旋以及电荷和晶格间的耦合变得强烈起来，例如在锯齿型磷烯纳米带中就发现了可调控的边界磁性，如图 1－1 所示[9-10]。同时其平面结构特征也为实验操作提供了良好的实现平台，使其有望发展成为可取代硅的新型半导体材料[11-12]。作为二维"明星"材料的石墨烯，其自旋轨道耦合极弱，自旋相干散射长度较长[13]，是自旋电子学的理想候选材料。

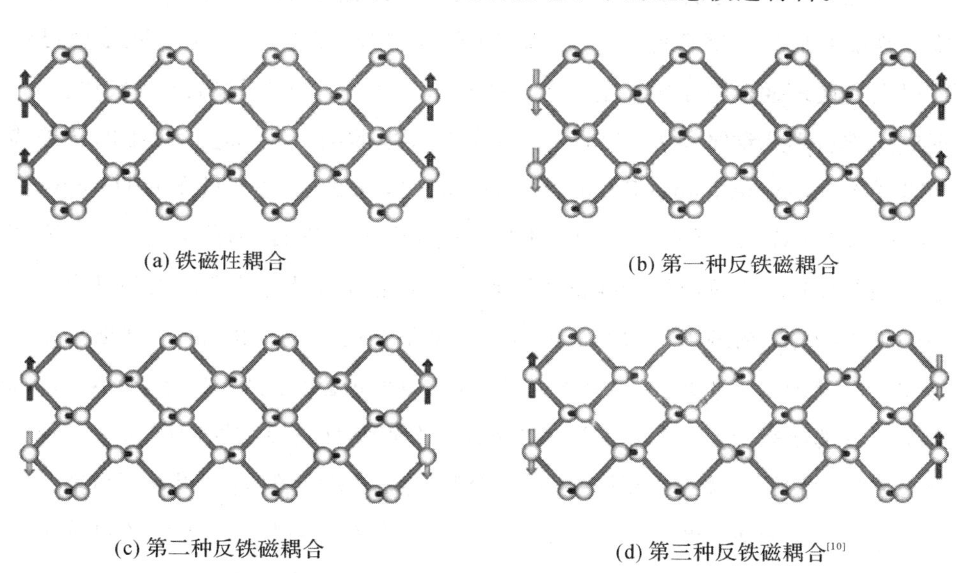

(a) 铁磁性耦合　(b) 第一种反铁磁耦合

(c) 第二种反铁磁耦合　(d) 第三种反铁磁耦合[10]

图 1－1　锯齿型磷烯纳米带中磁序的基态表现

被称为"黑金"的石墨烯，拥有不同于一般导体的狄拉克锥形的电子能带结构，这使得其具有独特的无质量狄拉克费米子特性，即可以拥有极高的载流子迁移率[14]。此外，它还可以长距离地保持电子自旋信号，使电子不仅可以有效地传输电子电荷信号，还可以传输电子自旋信号[15]。因此，它在自旋电子学领域具有广阔的应用前景[16-19]。实验表明，石墨烯具有原子级厚度的优势，使得能在其上使用旋涂、光刻等微加工工艺处理方法。此外，石墨烯也可与其他材料形成异质结，从而实现各种复杂的二维结构[20-21]。因此，石墨烯材料已经成为用于未来新型自旋电子器件的有力竞争者。

自旋电子器件对纳米材料的电子自旋特性还提出了更高的要求，即具有稳定的且规则分布的自旋磁矩，并且能够实现全电学方式对其电子自旋极化性质进行有效调控。然而，碳原子不含 f 和 d 电子，石墨烯的本征非磁性使其缺少有序的自旋磁矩，大大限制了其在新兴的自旋电子器件中的应用。因此，如何诱导 p 电子产生稳定的规则的磁序，即如何诱导石墨烯电子产生自旋极化效应，并能对其进行有效调控，就成了当今迫切需要解决的问题。

截至目前，诱导石墨烯产生磁性的研究主要集中在空位缺陷、表面化学修饰和铁磁衬底界面耦合等几个方面[22]。随着科技的进步，采用实验手段已经可以很方便地通过量子限域的方法，将石墨烯片切割成多种特殊形状及边界，形成低维石墨烯纳米材料。其中，最具有代表性的纳米结构包括一维的石墨烯纳米带（Graphene NanoRibbon，GNR）以及零维的石墨烯量子点（Graphene NanoDot，GND）。量子限域效应和边界效应使得低维石墨烯结构具有较强的电子相互作用，从而使得低维石墨烯纳米材料自旋以及电荷和晶格间耦合更加强烈，这对石墨烯纳米片的本征性质将带来很大的影响。例如，一维锯齿型边界的石墨烯纳米带出现了边界磁性，零维三角形锯齿型边界的石墨烯纳米片拥有了非零的磁矩[9, 23-25]。这些重要的特征，为实现石墨烯磁性的引入和实现完全自旋极化的电子输运，并最终实现“全石墨烯自旋电子器件”提供了可能。

然而，由于基态低维石墨烯纳米结构电子分布的对称性，电子的自旋呈现简并状态。如何打破这种电子自旋分布的对称性，使得不同自旋的电子不再简并，产生电子的自旋极化效应，是本书要重点讨论的内容。此外，如何有效调控低维石墨烯纳米材料的电学性质以及自旋性质，使其高效地应用于微纳自旋传感器件，也成为本书要讨论的关键问题。

1.3.1　石墨烯电子结构

石墨烯材料是由原子序数很小的碳原子构成的单层蜂窝状点阵结构。每个碳原子中的 3 个价电子通过 sp^2 轨道杂化形成 σ 键(最近邻的两个碳原子之间的距离为 1.42 Å，1 Å$=10^{-10}$ m)，剩下所有碳原子的未参加杂化的价电子形成了垂直于该平面的大 π 键，完全离域的 π 电子在石墨烯平面上就可以自由地进行传输。因此，石墨烯的电子结构主要取决于 π 电子，π 电子使得石墨烯材料具有了优异的电学性能，层内碳-碳作用则形成很强的 σ 键，以保证二维平面结构的稳定性。单层石墨烯有着与一般半导体不同的能带结构，即它的导带和价带交于六角形布里渊区中的两个不等价的顶点 K 和 K'，使其成为零带隙结构体。这两个不等价顶点附近的圆锥能带结构被称为能谷，即在 K 和 K' 两个能谷附近的低能区域形成了线性的色散关系(如图 1－2 所示)[26-27]。其能量表达

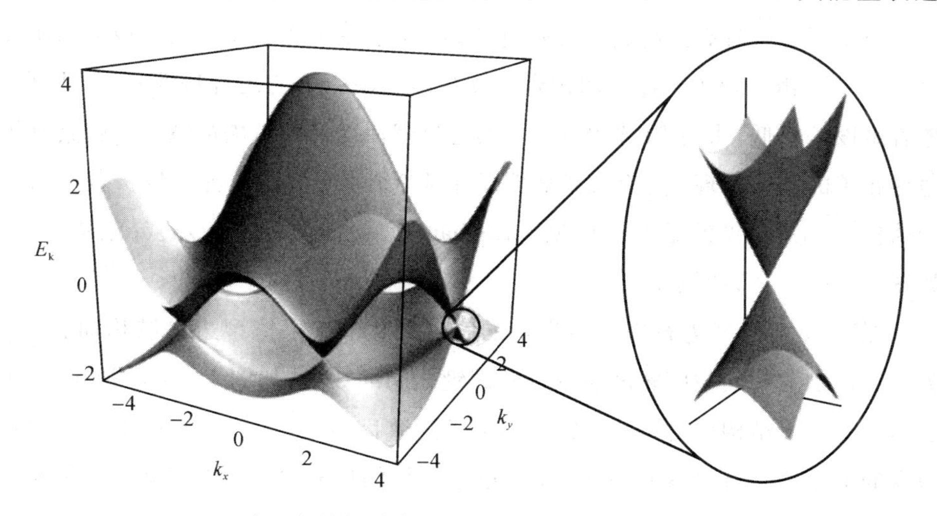

注：右图放大部分为狄拉克点处的线性色散关系[27]。

图 1－2　石墨烯的 π 电子能带结构

式为

$$E=V_{\mathrm{F}}P=V_{\mathrm{F}}hk$$

即石墨烯中的载流子像是无质量的相对论粒子，或称费米子。其中，k 为波矢的大小，即波数，$k=2\pi/\lambda(\mathrm{rad}\cdot\mathrm{m}^{-1})$；$h$ 为普朗克常数，$h\approx 6.626\ \mathrm{J}\cdot\mathrm{s}^{-1}$；$V_{\mathrm{F}}$为费米速度，即载流子的速率，高达 10^6 m/s，约为光速的1/300，并且它不依赖于能量的变化。因此，这种独特的电子结构使得石墨烯材料具有良好的导电性，石墨烯中的电子可以近乎以无质量的方式进行传输，在制造高速器件上具有非常诱人的潜力。此外，石墨烯载流子速率接近于光速，呈现相对论特性。因此，在 K 点附近的电子特性采用狄拉克(Dirac)方程进行描述，而不是采用薛定谔(Schrodinger)方程来描述。石墨烯电子的有效质量为零，也被称为狄拉克电子。

1. 一维石墨烯纳米带的电子结构

石墨烯材料具有独特的零带隙电子结构，引发了相关研究人员极大的研究兴趣[26, 28]。由于边界碳原子的键合特性与内部碳原子的键合特性不同，因此，随着维度的降低，量子限域效应产生的边界就使得低维石墨烯纳米结构具有了边界相关的性质表现。已有文献表明，石墨烯纳米材料的边界可以被裁剪为多种结构[29]，最常见的是扶手椅型(armchair)和锯齿型(zigzag)边界结构[30-31]，如图1-3(a)和(b)所示。

图 1-3 中，N 为石墨烯纳米带的宽度，对于扶手椅型边界结构而言，N 为扶手椅型方向间横跨宽度包括的碳碳键之间的数目[如图 1-3(a)所示]；对于锯齿型边界结构而言，N 为锯齿型链条的数目[如图 1-3(b)所示]。这两种边界的电子结构有着本质的不同，且电子结构的色散关系对石墨烯纳米带宽度的变化非常敏感。因此，低维石墨烯材料的边界效应对其电子性质的影响十分显著。

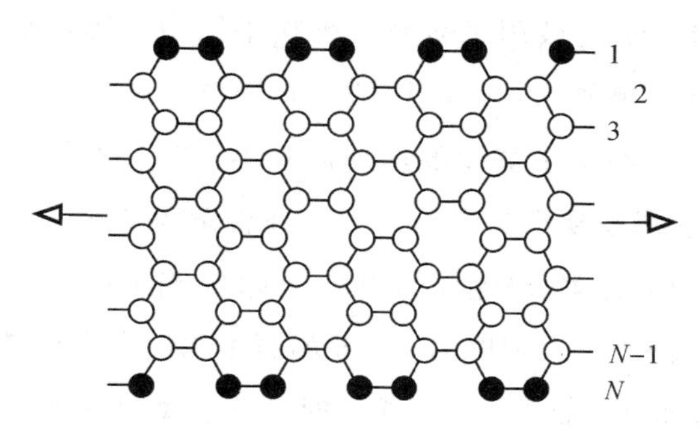

(a) 扶手椅型石墨烯纳米带

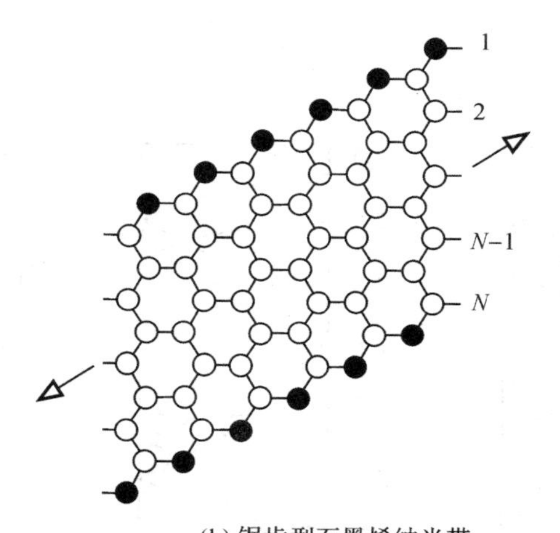

(b) 锯齿型石墨烯纳米带

图 1－3　两种边界的石墨烯纳米带[32]

2. 一维扶手椅型边界石墨烯纳米带的电子结构

紧束缚近似和近自由电子近似是解释能带形成原因的近似手段。要解释一个周期体系中的能带，最直接的方法便是直接求解薛定谔方程，得到体系的能谱，看是不是有带状结构。然而周期势场的存在导致我们不可能解析求解，只能通过微扰的手段看一些近似行为。对于近自由电子近似，我们是将势场的周期起伏视为微扰。紧束缚近似的处理方法则是在保持体系的平移对称性的情形下，将原子(原胞)间的相互影响视为微扰。

紧束缚近似方法最先被用来研究一维扶手椅型石墨烯纳米带(AGNR)的电学性质[32]。计算结果显示，AGNR 的带隙随宽度的变化可以分为三组，带隙值都随石墨烯一维纳米带宽度的增加而减小，除了宽度 $N=3p-1$(p 为整数)外，其余的体系都表现出半导体特性，即带隙不为零。并且，其能隙满足 $\Delta_{3p-2}>\Delta_{3p}>\Delta_{3p-1}$($p$ 为整数)这样的规律。例如，当 $p=2$ 时，纳米带的带隙大小为：$\Delta_{N=4}>\Delta_{N=6}>\Delta_{N=5}$，宽度为 $N=5$ 的石墨烯纳米带导带和价带交于费米能级处，这时为金属性；而当 $N=4$ 或 6 时，导带底和价带顶之间在波矢为零时，都有间隔出现，即此时的带隙值不为零，材料显示半导体特性，具体计算的能带结构如图 1-4 所示。

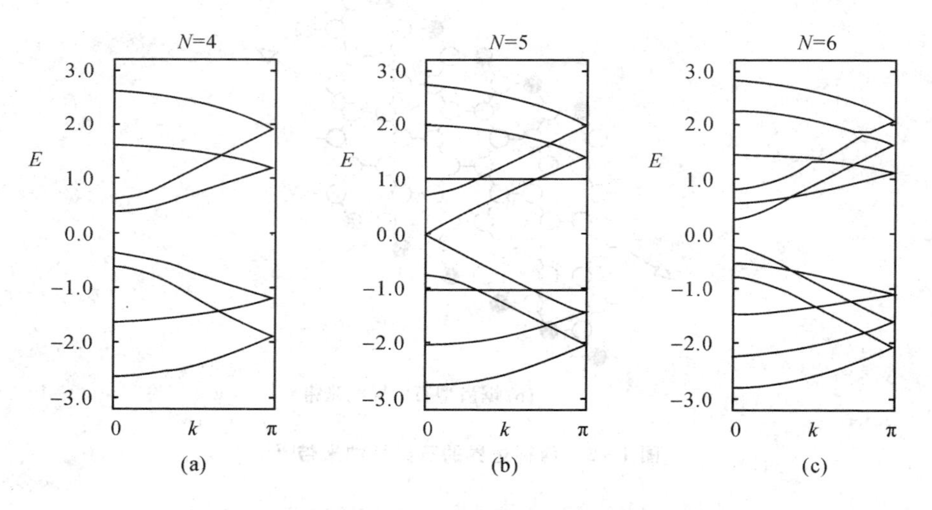

图 1-4 扶手椅型石墨烯纳米带的能带结构图[32]

而采用近自由电子近似的第一性原理对扶手椅型石墨烯纳米带进行计算时[33]，计算结果和采用紧束缚近似方法[如图 1-5(a)所示]有所不同，计算结果如图 1-5(b)所示。与紧束缚近似方法相比，虽然带隙的大小依然随纳米带宽度的增加而减小，但体系的带隙值始终不为零，即 AGNR 都为半导体性属性，且其带隙值的变化满足以下规律：$\Delta_{3p+1}>\Delta_{3p}>\Delta_{3p+2}$。

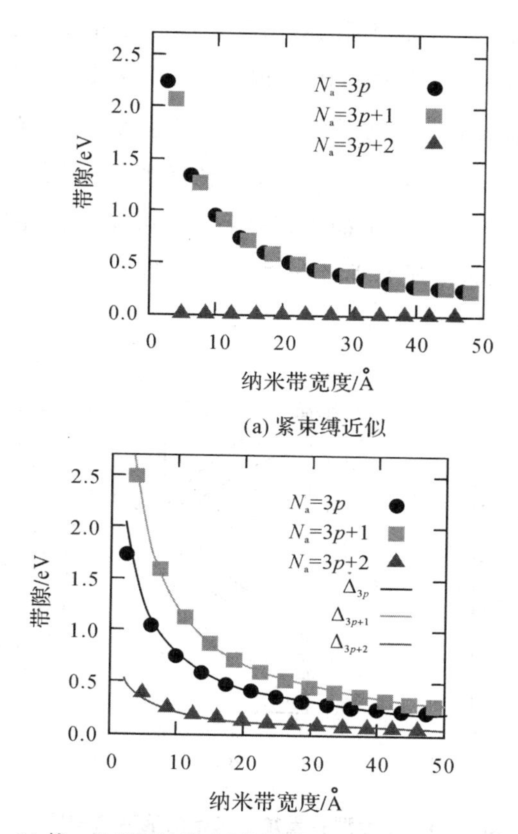

(a) 紧束缚近似

(b) 第一性原理计算采用局域密度近似得到的扶手椅型一维石墨烯纳米带宽度对带隙的影响[33]

图1-5　石墨烯纳米片带隙随宽度变化

3. 一维锯齿型边界石墨烯纳米带的电子结构

锯齿型一维石墨烯纳米带的能带结构研究，首先采用的也是紧束缚近似方法[32]，但计算结果和扶手椅型石墨烯纳米带的能带结构有所不同：ZGNR始终表现出金属性，并且能带结构不随石墨烯纳米带宽度的变化而变化。例如，当纳米带宽度为 $N=4$，5，6时，锯齿型纳米带的能带结构如图1-6(a)(b)(c)所示。此时，在费米能级附近都有近似于水平的平带出现。从能带结构图中可以看到，在导带底和价带顶处，出现了一个近似水平的简并带，这就是边缘态，也被称为表面态。而从态密度图图1-7可以看到，这种边缘态在费米能级附近产生了较高的态密度，这种较高的态密度导致了较强的库仑作用，进而导致锯齿型边界石墨烯纳米带边界磁性的出现[34-36]。由图 1－7 可以看到，当锯齿型边界的石墨烯一维纳米带的宽度 $N=6$ 时，费米能级处的态密度最大，即平带或者尖峰最高，且此平带带来的态密度峰值随着纳米带的宽度的增加而降低[32]。锯齿型边界石墨烯纳米带的零带隙特征，限制了其在半导体电子学领域的应用。近几年，大量的研究学者从理论和实验的角度来探索如何打开锯齿型石墨烯纳米带的带隙[37-41]。

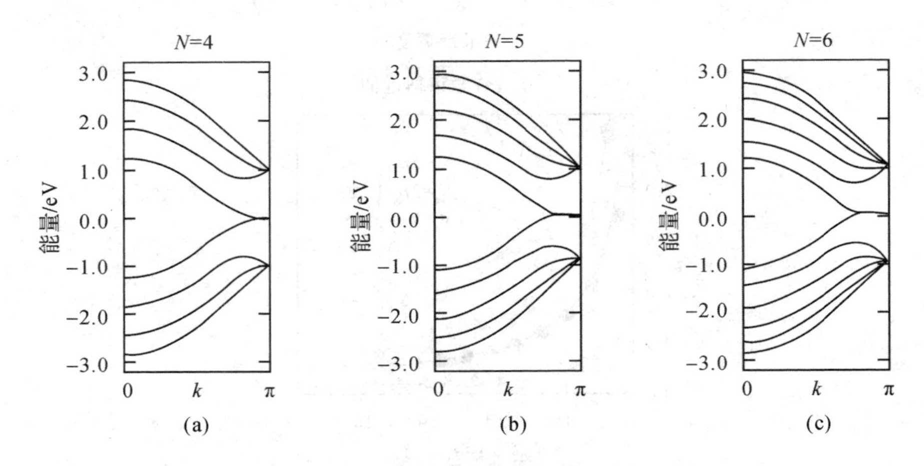

图 1－6　锯齿型石墨烯纳米带的能带结构图

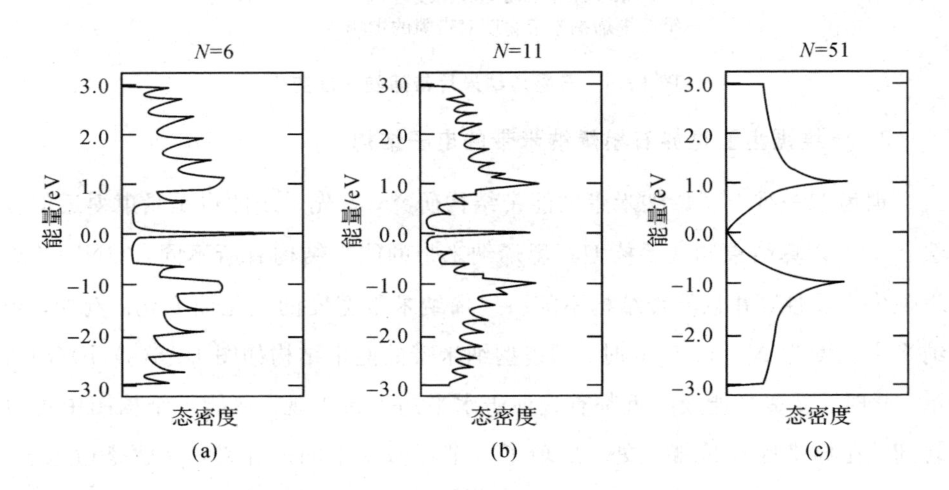

图 1－7　锯齿型石墨烯纳米带的态密度图

1.3.2 零维石墨烯纳米片的电子结构

二维石墨烯材料通过裁剪的方式，不仅能实现一维石墨烯纳米线(GNR)，而且还可以被裁剪为不同形状的零维石墨烯纳米片(GNF)或石墨烯量子点(GND)，如三角形、矩形、六边形等形状[13, 31-33]。更重要的是，碳原子的自旋-轨道超精细耦合作用以及较长的自旋弛豫时间和自旋相干长度[16-18]，使得石墨烯纳米片成为未来“全石墨烯”自旋电子器件优秀的候选材料。研究发现，石墨烯纳米片不仅结构简单，而且在具有锯齿型(zigzag)边界结构的不同形状的石墨烯纳米片中，电学磁学特性尤为突出[23-24, 42-43, 45-51]。众所周知，石墨烯是由两个相同的子晶格组成的(可标记为A和B)。对于扶手椅型边界的石墨烯纳米片，两个子晶格的碳原子数是相同的，即 $N_A = N_B$。因此，在费米能级处不会出现简并的零能态，即非键态，故不会有统一的自旋分布出现，即不会有磁性出现。而对于锯齿型边界的石墨烯纳米片，每一个边界上的原子都属于同一个子晶格(A或者B)，从而在费米能级处会出现简并的零能态。由于半满的零能态是不稳定的，故有可能产生磁性。此外，这些零能态会产生自旋劈裂，使得体系的电子能带结构在费米能级处打开一定的带隙，如图1-8所示。因此，大量的关于低维石墨烯材料磁学性质的研究都是以锯齿型边界的石墨烯为研究对象的。本书将在石墨烯电子自旋极化理论中，详细讨论关于低维石墨烯电子自旋极化性质。

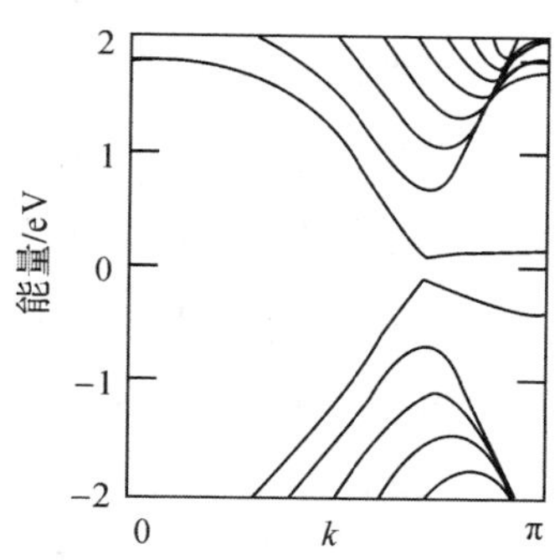

图1-8 宽度为16的锯齿型石墨烯纳米带自旋非极化的能带结构图[9]

1.4 低维石墨烯基微纳自旋传感器件发展

自旋电子器件除了要求能同时操控电子的自旋和电荷属性外，还要求材料具有较高的电子极化率和较长的电子自旋弛豫时间。石墨烯虽然有较弱的自旋-轨道耦合和较长的自旋弛豫时间和相干长度[16-19, 52-53]，但因碳原子不含 f 和 d 电子，石墨烯的本征非磁性使其缺少有序的自旋磁矩，这就大大限制了其在新兴的自旋电子器件中的应用。因此，如何诱导 p 电子产生稳定的规则的磁序，即如何诱导石墨烯产生磁性特别是长程铁磁性，并能对其进行有效调控，就成了迫切需要解决的问题。

近年来，已有很多研究小组陆续从理论上证明及在实验中观测到了石墨烯材料中的顺磁性和铁磁性现象。早在 2005 年，石墨烯晶体在自旋轨道耦合作用下会出现螺旋的边界态在理论上就已得到了证明[54]。随着科技的进步，实验上已经可以很方便地将单双层石墨烯切割成所需要的大小和形状。对于低维石墨烯纳米材料而言，伴随着维度的降低，量子限域效应和边界效应使得石墨烯传导电子间具有较强的相互作用，从而促使低维石墨烯纳米材料自旋、电荷、晶格间的耦合更加强烈，对其本征性质带来很大的影响。研究表明，将石墨烯切割成具有锯齿型边界的一维纳米线或零维纳米片时，量子尺寸效应使得电子在各个方向上的运动受到限制，进而影响材料的能级结构，使其拥有丰富的电磁特性。而石墨烯的锯齿型边界碳原子有一个未饱和的 π 电子，其导致了边界态的出现，正是大量的边界态使得费米能级处出现了很高的电子密度，而这正是导致库仑效应产生边界磁性的根源。但是扶手椅型边界的石墨烯由于边界有同等数量的子晶格，因此，没有边界态的出现，使得体系的电子结构在费米能级处没有较高的电子密度，故扶手椅型边界的石墨烯没有边界磁性的出现。因此，本书的研究主要是基于锯齿型边界的石墨烯纳米结构展开。

1.4.1　一维石墨烯纳米带的自旋极化特性

当石墨烯材料被尺寸效应限制为一维时，就形成了石墨烯纳米带结构。一维石墨烯纳米带有着与二维石墨烯材料很相似的电子能带结构，最常见石墨烯纳米带的边界构型是锯齿型(zigzag)和扶手椅型(armchair)[30-31]。早在 2006 年，研究人员通过 STM 扫描电镜测试，在实验上就已经发现了石墨烯材料锯齿型边界处有局域的边界态出现[55]。这就证明了费米能级处出现的电子能态来源于石墨烯的锯齿型边界碳原子，电子能态间的相互作用使得石墨烯纳米带在边界处出现了磁序。相关学者随即报道了锯齿型石墨烯纳米带边界磁性特征，即一维锯齿型石墨烯纳米带的边界可以表现出不同的边界磁序特征，即铁磁性(Ferro - Magnetism，FM)，如图 1 - 9(a)所示，反铁磁性(Anti-Ferro - Magnetism，AFM)，如图 1 - 9(b)所示[56]。在这两种不同的边界磁态分布下，一维锯齿型石墨烯纳米带的能量分布不同，其中体系磁序分布为反铁磁分布时，其基态能量总小于铁磁性磁序分布的能量。基于以上发现，对石墨烯纳米带电子自旋性质的研究广泛开展起来[57-59]。

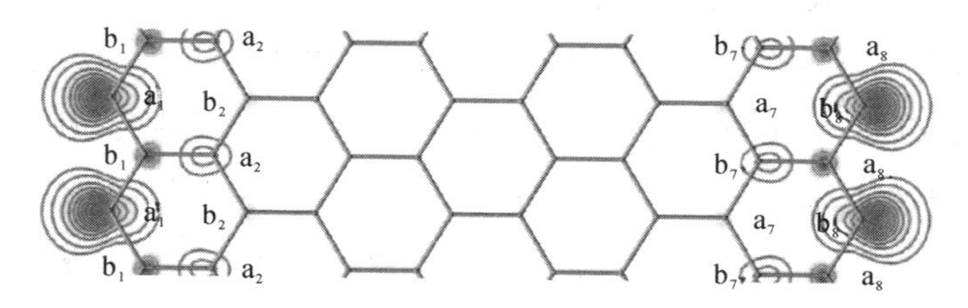

(a) 铁磁性

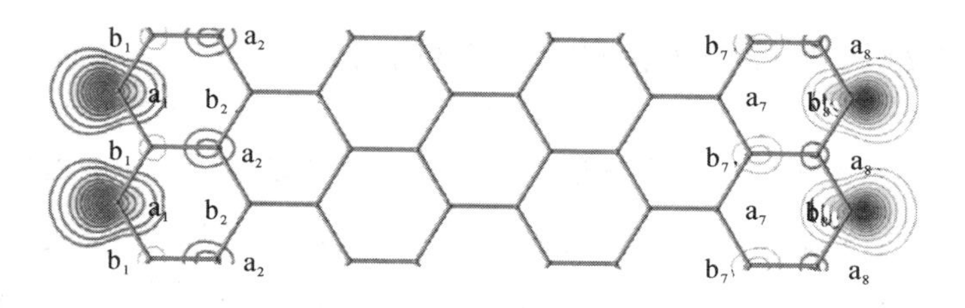

(b) 反铁磁性

图 1 - 9　石墨烯纳米带不同的边界自旋特性[59]

然而，一维锯齿型边界的石墨烯纳米带自旋向上电子和自旋向下电子能量相同，即此时电子能带处于简并的状态，不同自旋的电子能带没有出现极化现象。因此，要想石墨烯材料产生自旋极化的性质，就必须打破这种理想的状态，使自旋向上和自旋向下的能带不再处于简并状态。Son 课题组在 2006 年基于第一性原理的计算表明[9]，一维锯齿型石墨烯纳米带的两个锯齿型边界在基态下存在边界磁性，即同一边界为自旋同向的自旋分布(即铁磁性排列)，两个边界之间为自旋相反的自旋分布取向(即反铁磁性排列)。但此时，石墨烯纳米带体系的磁矩仍然为零。当对此石墨烯纳米带的面内施加垂直于锯齿型边界的横向面内电场时，原来费米面处简并的平带发生劈裂，使得一种自旋取向的电子能带穿过费米能级，另一种自旋取向的电子能带不穿过费米能级，即锯齿型边界的石墨烯纳米带可以被外加横向面内电场调制为具有半金属特性的材料。这样，体系就从金属性被调制成了半金属性，自旋简并被打破，产生了自旋极化现象，这使得其可以实现完全自旋极化的电子输运，产生自旋过滤现象，从而可被用来设计自旋阀器件或自旋注入器件。另外，半金属的能带结构可用来实现自旋极化的电流，即自旋向上的电子是金属性的，电流可以通过；自旋向下的电子为半导体性或是绝缘性，电流无法通过，或反之。这对石墨烯纳米结构实现自旋极化的电流有进一步的指导意义：除了外电场调节外，磁场也可对锯齿型石墨烯纳米带的基态自旋极化性质进行有效调制，使石墨烯纳米结构产生很大的巨磁阻效应[60]。此外，在实验上也实现了从铁磁性金属电极注石墨烯材料中的自旋电流的测量[61-62]。

1.4.2 零维石墨烯纳米片的自旋极化特性

石墨烯非零磁矩的出现十分依赖于其几何拓扑结构。特别是当材料中两个子晶格(A 和 B)的碳原子数不相同时，即 $N_A \neq N_B$，在费米能级处会出现简并的零能态。特别地，锯齿型边界的三角形零维石墨烯纳米片(ZTGNF)，其三条边界的碳原子都属同一个子晶格(A 或 B)，故两个不同子晶格的碳原子数不再相同，即 $N_A \neq N_B$。此时，在费米能级处产生了零能态，这些零能态使得体系基态自旋密度分布为铁磁性自旋分布[如图 1－10(a)所示]，即三条边界的自旋取向相同，且总磁矩随着三角形边界尺寸的增大而线性增加[23]。而对于锯齿型边界的六边形零维石墨烯纳米片(ZHGNF)，其基态的自旋取向分布为边界交替分布[如图 1－10(b)所示]，即同一条边界的边界原子的自旋呈铁磁性分布，相邻边界的碳原子之间自旋呈反铁磁分布。但由于此形状下属于两个不同子晶格 A 和 B 的碳原子数相等，即 $N_A = N_B$，因此总磁矩为零。对于矩形形

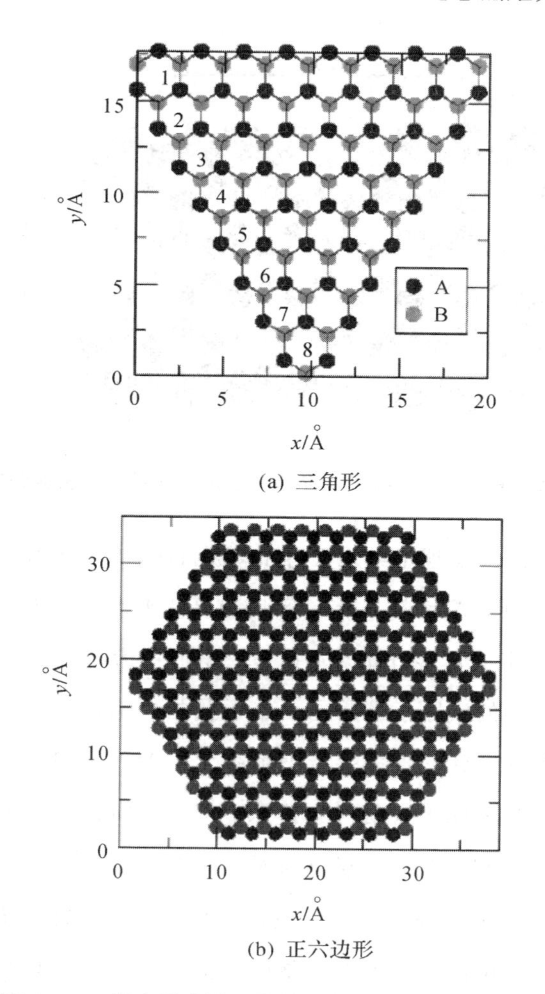

图 1－10　锯齿型边界石墨烯纳米片子晶格示意图[23]

状的零维石墨烯纳米片，其基态电子自旋分布则和一维锯齿型石墨烯纳米线类似，仍然是同一边界铁磁性分布，两个不同边界间反铁磁分布。同理，由于$N_A=N_B$，总磁矩也为零，相应的自旋密度分布图如图 1-11 所示[9, 23]。从图中也可清晰地看到，自旋密度随边界向内逐渐减小，进一步说明了石墨烯锯齿型边界碳原子的活性最高。

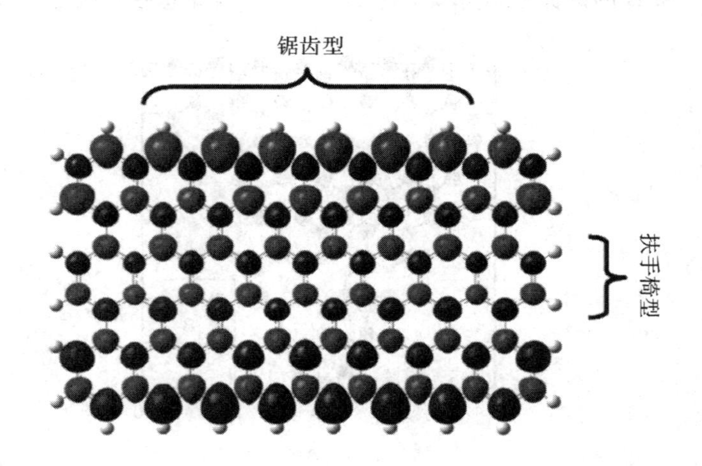

图 1-11 锯齿型边界有限长度的石墨烯纳米带自旋密度分布图[63]

目前，实验上已经实现了纳米尺寸的零维石墨烯纳米片的制备[64]。这样，人们就可以通过控制石墨烯纳米片的形状和尺寸来引入较大的净自旋，或是在特定的边界实现特定的自旋分布。尤其是三角形锯齿型边界的零维石墨烯纳米片，由于其三条边界的碳原子都属同一个子晶格(A 或 B)，出现了零能态，使得总磁矩不为零，这样就使得零维石墨烯纳米片产生了磁性。除此之外，还可通过空位缺陷[65-66]、氢原子吸附[67]、掺杂[68-73]、表面化学修饰[9, 74-79]等方式来使得石墨烯产生自旋极化的电子输运性质[22, 80-81]。

以上研究充分证明了通过不同手段，石墨烯是可以被诱导出磁性的。掺杂或吸附金属的方法，虽然可以诱导石墨烯产生磁性，但是体系很容易出现电子转移而导致狄拉克点的位置偏移。因此，利用石墨烯基被诱导出的磁性，研究以石墨烯基为传输通道材料的自旋微纳传感具有重要意义。

1.5 小　　结

随着信息技术及纳电子器件的跨越式发展，基于低维材料的新一代纳电子器件研究成为人们关注的焦点。与宏观体材料相比，低维材料表现出新颖的力学、光学和磁学等物理性质，在未来的纳电子、信息、能源和功耗材料等领域有着广阔的应用前景。其中最为突出的纳米材料当属由碳原子以杂化轨道组成六角蜂窝状晶格的平面薄膜——石墨烯。其具有较长的自旋弛豫时间和较低的自旋-轨道耦合，使得石墨烯材料在自旋电子学器件中具有巨大潜在应用价值。然而，碳原子不含 f 和 d 电子，石墨烯的本征非磁性使其缺少有序的自旋磁矩，大大限制了其在新兴自旋电子器件中的应用。因此，如何诱导 p 电子产生稳定的规则的磁序，即如何诱导石墨烯产生磁性特别是长程铁磁性，并能对其进行有效调控就成了迫切需要解决的问题。

量子限域效应被认为是引入石墨烯自旋极化效应的一种有效方法。然而，将低维石墨烯纳米片应用到石墨烯自旋电子器件中，依旧有几项难题需要克服。最核心和最基础的工作就是要使零维石墨烯纳米片在室温下产生稳定的有序的磁序。此外，探索诱导石墨烯产生磁性的内在机制，并探索如何有效调控低维石墨烯纳米材料的电子结构及自旋性质，使其高效地应用于自旋电子器件也是本书关注的重点之一。

由于石墨烯非零磁矩的出现十分依赖于其几何拓扑结构，为解决上述问题，本书利用第一性原理性密度泛函理论(DFT)计算，以零维石墨烯纳米片材料的电子结构与其本征自旋性质为切入点，以锯齿型边界的各种零维石墨烯纳米片为研究对象，依据量子限域效应和边界效应，通过结构设计、外加电场、异质集成等策略来讨论零维石墨烯纳米片材料的电子结构和自旋极化特性，以实现其本征物理性质调控。此外，还设计出了一种以三角形零维石墨烯纳米片为基本构建单元的“全石墨烯”自旋逻辑器件。本书重点围绕以下几个方面展开。

(1) 各种不同结构及尺寸的锯齿型边界零维石墨烯纳米片的电子结构和磁性特征。研究结果发现锯齿型边界的矩形、菱形、领结形零维石墨烯纳米片的单层基态均为反铁磁耦合磁序，而三角形石墨烯纳米片的基态为铁磁性耦合磁序，且磁序耦合强度随三角形边界长度的增加而线性增加。领结形结构由于是由两片三角形纳米片组成的，反铁磁耦合强度最强。所有几何构型下的零维石墨烯纳米片电子的自旋呈现简并状态，电子没有产生自旋极化效应。设计出了一种基于领结形零维石墨烯纳米片单元的石墨烯自旋电子器件。该自旋电子器件为“全石墨烯”材料制成，可以实现逻辑门的功能操作，为将石墨烯材料应用到自旋电子器件中提供了一种切实可行的方案。

(2) 电场效应对单层锯齿型边界的石墨烯纳米片电子自旋极化性质的调控作用。计算结果表明，随着电场强度的增加，单层矩形、菱形、领结形零维石墨烯纳米片仍可展现出良好的反铁磁耦合特征，但电子分布的对称性被打破，不同自旋取向的电子不再简并，即原来简并的自旋带隙出现了分裂，并在一定的临界电场强度下，产生了电子的自旋极化效应，即出现了半金属性。这种半金属性使得电场调控电子自旋极化效应成为可能，为将此材料应用到新兴的自旋电子器件提供了理论依据。

(3) 对称和非对称锯齿型边界双层石墨烯纳米片的电子结构和磁性特征，以及范德瓦尔斯结对石墨烯电子分布的调控作用。计算结果表明，上下两层零维石墨烯纳米片为对称性结构设计时，双层矩形石墨烯纳米片的基态磁序分布为层内反铁磁耦合，层间反铁磁耦合；而双层三角形石墨烯纳米片的基态磁性为层间反铁磁耦合，层内为铁磁性耦合。当上下两层石墨烯纳米片的尺寸为非对称性结构设计时，由于尺寸效应产生的化学势变化，层间和层内不再出现严格意义上的铁磁或反铁磁耦合。在外加垂直电场下，电子分布的对称性被打破，不同自旋取向的电子不再简并，即原来简并的自旋带隙出现了分裂，并在一定的临界电场强度下，产生了电子的自旋极化效应，即双层石墨烯纳米片在电场调节下，也出现了半金属性，且临界电场强度大小和双层石墨烯纳米片的尺寸相关，即上下两层石墨烯纳米片的尺寸非对称性越强，所需临界电场强度越弱。

（4）石墨烯-氮化硼平面异质结的电子自旋极化特性。计算结果表明，氮化硼片段掺杂零维石墨烯纳米片可以打破原零维石墨烯纳米片电子自旋简并的状态，使得电子产生自旋极化现象，石墨烯-氮化硼平面异质结纳米带也可产生电子自旋密度，并可产生反铁磁的磁性分布。因此，将石墨烯与氮化硼材料异质集成，不仅可使零维、一维石墨烯电子产生自旋性质，而且根据结合比例，石墨烯-氮化硼平面异质结材料还可实现可调的半导体特性，为将此新颖的平面异质结材料应用于石墨烯自旋电子器件提供了理论支持。

第 1 章图

第 2 章　石墨烯自旋电子学的理论研究方法

2.1 引　言

自旋电子材料是自旋电子学的基础。尽管先前已经提出很多自旋电子材料，但是其中大部分还达不到实际应用的要求，第一性原理(First - Principle Theory)计算方法提供了达到这个目标有力又廉价的工具。与之相比，实验是一个不断尝试的过程，会花费大量的时间和精力，并且实验原料的消耗也是不可避免的，而第一性原理计算不需要任何实在的样品，甚至可以应用到没有合成出的材料中。通过指定需要的特性，利用第一性原理就可以对物质的性质进行精确预测，并在接下来的实验中进行证实，这一过程可以缩短材料设计的周期。此外，得益于计算机技术的发展，基于第一性原理的理论化学的计算精度和速度都有了很大提升。本章中，我们重点介绍石墨烯自旋特性的理论研究方法。

2.2 第一性原理

广义上，第一性原理计算方法是指所有基于量子力学原理的计算，也被称为从头计算方法。它通过选取研究对象的原子组分，结合量子力学和一些基本物理规律，利用自洽计算来得到材料的空间结构、力学或机械性能、热点输运性质等。该理论在计算模型中不需要依靠任何经验参数的辅助，只涉及元素周期表中各组分元素的电子结构，以及使用一些最基础的物理量(如光速 c、普朗克常数 h、电子电荷 e、电子质量 m_e、质子中子质量等)和一些相对基础的物理学原理(如电磁相互作用、薛定谔方程、相对论效应、能量最低原理等)。除用到上述理论外，第一性原理计算还涉及泡利不相容原理、变分原理、密度泛函理论、哈特里-福克近似、关联相互能等中的一些重要概念和理论。除将计算所需的原子及其位置告诉计算程序外，采用第一性原理计算的时候，无需提供其他的参数。迄今为止，基于第一性原理的计算方法已经广泛地应用于分子尺度纳米材料的电学、磁学、输运、热电性能的研究中。

众所周知，物质是由分子组成的，分子是由原子组成的，原子是由原子核和电子组成的。量子力学计算就是根据原子核和电子的相互作用原理去计算分子结构和分子(或离子)的能量，从而确定物质的各种性质。利用第一性原理研究多电子体系的基本思路是：首先，采用绝热近似，将多粒子体系问题变为多电子体系问题；其次，基于密度泛函理论或哈特里-福克近似，把多电子问题变成单电子问题，即把多粒子体系中电子的运动看成每个电子在其他电子和原子核的平均作用势场下的运动，这样就可将一个多电子问题转化为求解单电子薛定谔方程的问题。

2.2.1　多粒子体系的薛定谔方程

基于第一性原理的计算方法是基于分子轨道理论的一种计算方法，它通过量子力学理论来研究材料的结构和性能。量子力学构成了现代物理学乃至现代化学的基石，其最基本的理论基础就是薛定谔方程，其核心是粒子的波函数和运动方程。对于一个确定的体系，波函数就能够反映体系的大多数信息。它可以用来描述单个粒子到整个宇宙体系的运动规律。但薛定谔方程因对宏观体系的量子效应不明显，故一般被用于描述微观粒子的运动规律。

对于一个由多原子组成的分子体系而言，第一性原理计算方法的思想是将系统分解成由原子核和电子组成的多粒子体系，通过求解多粒子体系的薛定谔方程，得到描述多粒子体系的波函数和特征值。粒子的波函数能够反映体系的所有信息，从而可确定该多粒子体系的所有性质。因此，如果想要获得一种材料的电子和原子核相互作用的量子力学行为，就要解薛定谔方程。然而，对于一个结构极其复杂的材料来说，体系中电子和原子核以及这些粒子之间相互作用的数目非常庞大，直接求解薛定谔方程极其困难。因此，在求解薛定谔方程的过程中引入恰当的近似对于简化求解过程是非常必要的，于是玻恩-奥本海默近似(Born - Oppenheimer approximation，简称 BO 近似，又称绝热近似)和单电子近似就出现了。借助这两个近似，求解薛定谔方程问题就可转变为用计算机求解哈特里-福克方程(Hartree - Fock equation，又称 HF 方程)问题。

薛定谔方程有定态和含时两种形式。定态薛定谔方程用来描述体系的定态特性，比如体系的结构和能量；而含时薛定谔方程则用来描述体系随时间的演变过程，比如体系对外场的响应过程。由于组成固体的粒子不在随时间变化的势场中运动，即体系的哈密顿算符$\hat{H}$与时间无关，粒子的波函数 Ψ 也与时间无关，因此这里的 $\hat{H}$与 Ψ 均服从不含时间的薛定谔方程：

$$\hat{H}\Psi(r, R) = E\Psi(r, R) \tag{2-1}$$

式中，$\hat{H}$为哈密顿算符，E 为对应哈密顿算符的能量本征值，$\Psi(r, R)$为描述体系状态的波函数，r 为体系中电子的坐标，R 为体系中原子核的坐标。

由薛定谔方程可知，波函数是薛定谔方程的基本变量，从多电子体系的哈密顿算符$\hat{H}$来看，原子核与电子运动的结合给求解薛定谔方程带来了困难。一方面，体系中离子实与电子的运动总是相关的，在某处发现一个电子或离子的概率总是依赖于这个体系中其他位置的电子或者离子。另一方面，由于体系在本质上是量子化的，因此，其波函数还应遵循泡利(Pauli)不相容原理。

对于多粒子体系，哈密顿量有如下表达式：

$$\hat{H} = -\frac{1}{2}\sum_{i}\nabla_i^2 + \frac{1}{2}\sum_{i\neq j}\frac{1}{|r_i - r_j|} - \frac{1}{2M_I}\sum_{I}\nabla_I^2 + \sum_{i,I}\frac{Z_I}{|r_i - R_I|} + \frac{1}{2}\sum_{I\neq J}\frac{Z_I Z_J}{|R_I - R_J|} \tag{2-2}$$

其中，Z 是核电荷，M 为原子核质量，R 为原子核间距，r 为电子间距。式(2-2)中，等号右边第一项为电子的动能项，第二项为电子与电子间的库仑相互作用能项，第三项为原子核的动能项，第四项为电子和原子核的相互作用能项，第五项为原子核之间的相互作用能项。理论上来说，将式(2－2)代入式(2－1)中就可以求解出该多粒子体系的波函数，通过波函数得到反映体系的所有信息，这样就可以确定该多粒子体系的所有性质了。但是，人们感兴趣的大部分材料都是宏观尺寸的，里面含有大量的粒子，对含有大量粒子的体系(不止一个电子)，特别是含有大量电子的凝聚态体系(大分子、固体、材料等)，解量子力学的基本方程(薛定谔方程组)是非常困难的。因此，精确求解多粒子体系的薛定谔方程组是不可能的。为了有效求解多粒子体系的薛定谔方程，在不破坏基本物理特征的基础上，引入恰当的近似就非常有必要。

2.2.2　非相对论近似

在构成物质的原子(或分子)中，电子绕原子核运动而不被其所俘获，说明电子始终保持着很高的运动速度。根据相对论原理，电子的质量不是一个常数，而是由电子运动速度、光速和电子的静止质量决定的，即电子的质量满足：

$$m=\frac{m_0}{\sqrt{1-\frac{v^2}{c}}} \tag{2-3}$$

其中，c 为光速，v 为电子的运动速度，m_0 为电子的静止质量。而在第一性原理计算研究的体系内，体系只有有限个原子核和电子，其运动速度远小于光速，没有粒子产生和湮灭的现象，即粒子数是守恒的。因此，为了使问题简化，引入了非相对论近似，即忽略相对论效应。此时，电子的质量m_0，即为其静止时刻的电子质量。

此外，在计算材料处在平衡状态的电子结构时，可以认为组成固体材料的所有粒子(即原子核和电子)都在一个不随时间变化的恒定势场中运动，因此哈密顿算符$\hat{H}$与时间无关，粒子的波函数不含时间变量，从而粒子在空间的概率分布也不随时间变化。此情况类似于经典机械波中的“驻波”(standing wave)，服从不含时间的薛定谔方程，即定态(stationary)薛定谔方程。

2.2.3 绝热近似

玻恩-奥本海默近似(Born - Oppenheimer approximation，简称 BO 近似，又称绝热近似)是一种普遍使用的求解包含电子与原子核的体系的量子力学方程的近似方法。

在固体中，原子核的质量比电子要大 $10^3 \sim 10^5$ 倍，即原子核比电子重得多，所以相对于电子来说，原子核的运动要比电子慢得多。因此，原子核的运动远远跟不上电子的高速运动，原子核只能在平衡位置附近做微小振动，而电子则可大范围高速运动。具体地说，当系统处于基态时，原子核一直处在电子系统的平均作用下，也就是处于一定的电荷密度分布中。考虑电子的运动过程，原子核会处在它们各自的瞬时位置上保持位置不变，从而实现原子核和电子分离，完成退耦合。当原子核间发生微小的运动时，高速运动的电子可以迅速做出调整，建立起原子核间变化后的运动状态。换言之，原子核的运动不会诱导电子体系状态发生变化，原子核的位置仅仅是作为一个参量，它只是在平衡位置做微小的振动，但电子可大范围高速运动，原子核与电子的运动是相互独立的，这就是绝热近似。其表达式如下：

$$H_{\mathrm{BO}} = \sum_{i=1}^{N} \frac{p_i^2}{2m} + \frac{1}{4\pi\varepsilon_0}\frac{1}{2}\sum_{i,\, j=1;\, i\neq j}^{N} \frac{e^2}{|r_i - r_j|} - \frac{1}{4\pi\varepsilon_0}\sum_{n=1}^{K}\sum_{i=1}^{N}\frac{Z_n e^2}{|r_i - R_n|} \tag{2-4}$$

这样一来，绝热近似就把多粒子体系中的原子核运动与电子运动分离开了，电子运动和原子核运动产生的相互影响作为微扰。从数学的角度来说，玻恩-奥本海默近似可以让电子离子体系的波函数分离出电子波函数部分与固定离子波函数部分。

玻恩-奥本海默近似在大多数情况下是非常精确的，又极大地降低了量子力学处理的难度，因此被广泛应用于分子结构研究、凝聚体物理学、量子化学、化学反应动力学等领域。

采用了绝热近似后，虽然可以去掉式(2-2)所示哈密顿量中的原子核动能项和原子核间的相互作用能项，但薛定谔定态方程中的电子-电子的相互作用项仍然是一种多体效应，精确求解薛定谔方程仍面临着巨大的挑战。因此，引入另一种近似：单电子近似。

2.2.4　单电子近似

体系的电子运动与原子核运动被分离后，计算电子运动的波函数就归结为求解薛定谔方程。由于多电子体系中，所有的电子是相互作用的，即任一电子的运动都依赖于其余电子的运动，因此需考虑电子之间的相互作用，以及电子和原子核之间的作用。此时，严格求解薛定谔方程仍然十分困难，还必须进一步简化和近似。

这一工作最先由 Hartree 和 Fock 两人在 1930 年共同完成。他们的主要思想是：对 N 个电子构成的系统，把所有其他电子和原子核对某一电子运动的影响取代为电子在原子核和其他电子的平均势场中运动，这个有效势场就是平均场，它可以由系统中所有电子的贡献自洽决定。于是，每个电子的运动特性就只取决于其他电子的平均密度分布(即电子云)，而与这些电子的瞬时位置无关，所以其状态可用一个单电子波函数表示。由于各单电子波函数的自变量是彼此独立的，各个电子看起来是等价的，因此每个电子的运动状态都可用单电子波函数表示，即单电子近似，也被称为 Hartree - Fock 近似。因此，多电子体系总波函数可以写成单电子波函数的乘积：

$$\Phi(\boldsymbol{r}) = \varphi_1(\boldsymbol{r}_1)\varphi_2(\boldsymbol{r}_2)\cdots\varphi_N(\boldsymbol{r}_N) \tag{2-5}$$

单电子近似方法，是进一步假定把每一个电子所受其他电子的库仑作用，以及由电子波函数反对称性而带来的交换作用，看成是一个平均的等效势场。这里假定所有电子都相互独立地运动。其中每个单电子波函数 $\varphi_i(\boldsymbol{r}_i)$ 只与这一个电子的坐标 i 有关。这种单电子的波函数称为分子轨道，使用的是平均势场单电子薛定谔方程的解。轨道近似所隐含的物理模型是一种“独立电子模型”，这就意味着，体系中的每个电子都在其他的($n-1$)个电子所组成的平均势场中运动，所以称为单电子近似。这种近似并没有考虑费米子波函数的反对称性效应。

由于电子服从费米狄拉克(Fermi - dirac)统计，故采用上式描述的多电子状态还要考虑泡利不相容原理所要求的电子波函数的反对称性，这可以通过使用多粒子波函数的线性组合来满足，即考虑电子波函数的反对称性带来的交换作用，就得到了 Hartree - Fock 近似[82]，也即单电子近似。这时各个电子的总哈密顿量就可以表示为

$$H_{IP} = \sum_{i=1}^{N}\left[\frac{p_i^2}{2m} + V(r_i)\right] \tag{2-6}$$

式中，$V(r_i)$是依赖于原子核的坐标 R 的，而各电子的哈密顿量之和就是总哈密顿量。

在 Hartree - Fock 近似中，单电子被认为是在由原子核和其他电子所形成的平均场中独立运动的。但这只是考虑了粒子之间的时间平均相互作用，而没有考虑电子之间的瞬时相关作用，即理论上在平均势场中独立运动的两个自旋相反的电子有可能在某一瞬间在空间的同一点出现。由于电子之间存在库仑排斥(实际上这是不可能的)，电子并不能独立运动，因此当一个电子出现在空间中的某一点时，这一点的近邻是禁止其他电子进入的。每个电子的周围都会建立一个“库仑孔”，以降低其他电子进入的概率。电子的这种相互制约作用成为电子运动的瞬时相关性或电子的动态相关效应。

在 Hartree - Fock 方程中，由于泡利不相容原理的限制，自旋平行的电子不可能在空间的同一点出现，基本上反映出了一个电子周围有一个“费米孔”的情况，但没有反映出电子周围还有一个“库仑孔”，由此引起的 Hartree - Fock 能量相对于实际能量的偏差称为电子相关能。

对于化学问题，相关能偏差是一个严重的问题。为了解决这一问题，人们发展了一系列理论方法，其中主要有组态相互作用(Configuration Interaction，CI)和微扰理论(Moller - Plesset，MP)两种方法，这两种方法考虑了电子相关能。但是，计算电子相关能需要较强的 CPU 计算能力，对内存和硬盘空间等计算效率也提出了较高的要求。特别是当需要提高计算精度时，计算量将会大幅上升。因此对于大分子体系，减少或简化电子相关项就成了必要的选择。实际上，如前所述，由于近似本身忽略了多粒子体系中的关联相互作用，因此应

用时往往要做一定的修正，这在很大程度上导致了密度泛函理论(Density Functional Theory，DFT)的诞生。密度泛函理论(DFT)是单电子近似的近代理论基础。

2.3 密度泛函理论

Hartree - Fock 近似方法包含了泡利不相容原理和同向自旋电子之间的相互作用，而对反向自旋的电子则不受自洽求解的条件限制。此外，随着体系中电子数目的增加，求解薛定谔方程中的 slater 行列式需要采用描述多电子体系的波函数，该行列式随着电子数目的增加变得异常大，因此，计算量也会极大地增加，甚至达到无法求解的地步。现阶段，仅仅能对由几十个原子组成的分子体系进行精确的求解。寻求实际可行的计算方法即成了对薛定谔方程求解的主要目标。电子相关能量的计算需要借助计算能力较强的 CPU，因为当计算精度提高时，计算量会大大增加。因此，降低大分子系统中的电子相关项是必要的，这在很大程度上导致了密度泛函理论(DFT)的诞生。

密度泛函理论最早是由 Hohenberg 和 Kohn 在 1964 年建立起来的[83]。DFT 的基本思想是用电荷密度代替波函数对薛定谔方程进行求解，进而对物质的相关性质进行研究，即用电荷密度来代替波函数作为基本变量来描述多电子体系。具体来说，一个多电子体系的所有性质都可以表示成该状态下电荷密度 $\rho(\boldsymbol{r})$的泛函，体系的基态即为系统中能量最低的基态，体系的总能量 E 是电荷密度$\rho(\boldsymbol{r})$的泛函，根据变分原理，对 $\rho(\boldsymbol{r})$进行变分，从而求解出能量最低时的电荷密度 $\rho_0(\boldsymbol{r})$。这里，电荷密度只是一个三维空间坐标的函数，计算较为快捷，因此，求解多电子相互作用体系的基态问题就转化为求解有效势场中单电子的基态问题。这样，采用密度泛函原理就可以对大分子体系进行求解。

相比于传统计算方法，密度泛函理论的优势主要体现在如下两个方面：

一方面，更多电子系统的内涵可以通过密度泛函理论有所了解。虽然

Hartree - Fock 方法是有效的单电子近似方法，加上关联作用修正后就能得到精确度可任意调节的结果，但它也存在一个很大的缺点，即粒子数较多时将导致计算量过大而无法在实际中应用。这一问题在密度泛函理论(DFT)中得到了很好的解决。DFT 不像 Hartree - Fock 方法那样去考虑每一个电子的运动状态(即波函数)，而是另辟蹊径，将 Hartree - Fock 方法需要求解的结果(即电荷密度 $\rho(\boldsymbol{r})$ 的分布)作为基本变量，只需要知道空间任一点的电荷密度 $\rho(\boldsymbol{r})$，其他物理量如总能量 E 等(或者说分子、原子和固体的基态性质)就都可用这个 $\rho(\boldsymbol{r})$ 表述。这是因为电荷密度是密度泛函理论主要的求解对象，而电荷密度只是一个三维空间坐标的函数，计算较便捷，且通过这种方法可以对电子系统的内涵有更多了解，从而能够更深入地分析体系的电子性质。

另一方面，密度泛函理论在实际应用中更有优势。基于密度泛函理论的应用不但提供了多粒子体系可作单电子近似的严格理论依据，还大大简化了计算，使得对上百个原子的体系进行严格的第一性原理求解成为可能，计算量的承受能力也将得到极大的提高，从而使得模拟值更接近于实际值。

下面分别讨论形成密度泛函理论的三大理论模型。

2.3.1 Thomas - Fermi 模型

早在 1927 年，Thomas 和 Fermi 两位科学家分别建立了密度泛函理论的原始理论模型(Thomas - Fermi 模型)[84]，即将原子体系的动能和势能近似地用密度泛函来表示。具体的思想是，对于理想的均匀电子气模型(如果原子核不动，材料可以看成是“外场下非均匀的电子气”)，把空间分成足够小的立方体，在假定电子之间无相互作用后，在这些立方体中求解无限势阱中粒子的薛定谔方程(假设电子间无相互作用)，从而得到相应的能量和密度表达式，即用电荷密度 $\rho(\boldsymbol{r})$ 替换了薛定谔方程的多电子波函数 $\Psi=\Psi(X_1, X_2, \cdots, X_N)$，从而电子系统的总能量可表示为仅由 $\rho(\boldsymbol{r})$ 这个函数决定的一个函数，这个函数即被称为电荷密度的泛函。

Thomas - Fermi 模型以均匀电子气的密度得到动能的表达式，这个模型虽然表达式简单，物理思路清晰，但还是忽略了电子间的交换相关能，是一个相对粗糙的模型，且无法进行有效的修正，所以很少直接应用。此后，在很长一段时间内，密度泛函思想都陷入停滞状态，直到 20 世纪 60 年代，由于 Hohenberg 和 Kohn 的工作开始有了重大的改变。

2.3.2　Hohenberg - Kohn 定理

1964 年，Hohenberg 和 Kohn 两位科学家同样采用电荷密度作为基本变量，在非均匀电子气理论基础上提出并严格证明了 DFT 方法的两个基本定理，也就是著名的 Hohenberg - Kohn 定理[85]，从而奠定了密度泛函理论的基础。

定理一：外势场强度是电荷密度的单值函数。

换言之，如果两个体系具有相同的基态电荷密度分布，则它们的势场最多只差一个常数。这里的外势场是指除电子间相互作用之外的势，如体系中原子核的库仑势。这样，体系的哈密顿量 H 就分解为电子动能项 T、电子相互作用项 U 和外势项 V，即

$$H = T + U + V \tag{2-7}$$

不同的体系中，电子动能项和电子间相互作用能项的表达式是一样的，所以确定了外势项也就唯一地确定了体系的哈密顿量。又由于体系中电子数目与电荷密度的关系为

$$\int \rho(\boldsymbol{r})\mathrm{d}\boldsymbol{r} = N \tag{2-8}$$

即电荷密度可以唯一地确定电子数 N 和外势场，也就可以得出电荷密度 $\rho(\boldsymbol{r})$ 的唯一泛函，即为任一多电子体系基态的总能量，体系的基态性质是由该电荷密度唯一确定的。由于 H 通过薛定谔方程唯一确定了系统的波函数，所以电荷密度 $\rho(\boldsymbol{r})$决定了由系统波函数所决定的系统的所有性质，即由波函数到电荷密度，没有损失任何信息。

Hohenberg - Kohn 第一定理表明，原子核坐标确定时，体系基态的能量和性质由电荷密度唯一确定。对于一个存在多体相互作用的多体系统，每一个电子的外扰势与体系基态的电荷密度之间存在着一一映射的关系，从而排除了

两个不同外扰势会对应有相同的基态密度的可能性。当外扰势已知的时候，不单是系统的基态波函数可以写成外扰势的泛函，还可以进一步将能量、动能及电子之间的库仑相互作用都写成外扰势的泛函。同时，又由于外扰势与电荷密度间存在一一对应的关系，故可将系统的所有物理量如基态波函数、动能、电子间的库仑作用都表示成电荷密度的泛函形式。因此，体系的基态电荷密度可以作为描述有相互作用的多电子系统基态所有的物理性质的基本变量。

定理二：对任一多电子体系而言，体系的基态能量即是能量泛函的最小值，其对应的电荷密度也就是该多电子体系的基态电荷密度。

定理二是密度泛函框架下的变分原理，即体系基态总能量(表示成粒子密度的泛函形式)在体系基态唯一的粒子密度处取极小值，且为体系的基态真实总能量。这条定理为采用变分法处理实际问题指出了一条途径。

Hohenberg - Kohn 第二定理表明，分子基态波函数所对应的体系能量最低。这条定理为采用变分法处理实际问题指出了一条途径。虽然密度泛函理论的概念起源于 Thomas - Fermi 模型，但直到 Hohenberg - Kohn 定理提出之后才有了坚实的理论依据。另外，当时 Hohenberg - Kohn 的推论是处理无自旋极化电子结构的重要理论，之后被研究者推广到有自旋极化和有限温度的情况中去了[86]。

由 Hohenberg - Kohn 定理可知，对于一个真实的存在多体相互作用的多体系统，其基态总能量总是可以写成体系的基态电荷密度泛函。当对体系基态总能量的密度泛函进行变分处理后，就得到了单粒子的薛定谔方程。但是 Hohenberg - Kohn定理并没有给出能量泛函的具体表达式，要进行求解就要知道能量泛函的具体形式。

2.3.3 Kohn - Sham 方程

虽然 Hohenberg - Kohn 第一定理和第二定理没有给出能量泛函的具体表达式。但在 Hohenberg - Kohn 定理推广之后，DFT 有了更加严格的理论基础。1965 年，Kohn 和 Sham 对该能量泛函做变分，提出了把哈密顿量的动能项用无相互作用参考体系的动能来表示，把复杂的电子间的相互作用放在了交换关联作用项中[83]。通过这样的处理，哈密顿量的动能项就可以用非相互作用的多电子体系动能来表示。这样，体系的电荷密度和能量只取决于交换关联泛函的精确度，即不确定的泛函都放到了这个交换泛函中，这就是著名的Kohn－Sham(KS)方程。对这个方程可以用自洽法进行求解并得到体系的总能量。

在Thomas－Fermi模型中，虽然动能在总能量中占据较大份额，但是人们对动能泛函的处理一直存在欠缺。动能泛函的研究成为大家关注的热点。Kohn－Sham方程的重要意义就是将有关联作用的多粒子问题转变为了无关联作用的单粒子问题。通过自洽求解，得到单粒子波函数构造的电荷密度，从而使求解具有相互作用的多电子体系基态问题，从形式上转化为了求解在有效势场中的单体电子基态问题。

Kohn－Sham方程的具体形式如下，总能量可以分解为

$$E(\rho)=E^{T}(\rho)+E^{V}(\rho)+E^{J}(\rho)+E^{XC}(\rho) \tag{2-9}$$

其中的E^{V}和E^{J}代表电子与原子核间的吸引势能和库仑作用能，它们是相对比较容易计算的；E^{T}和E^{XC}则代表密度泛函中涉及泛函的基本问题。E^{XC}由交换和关联两部分组成：

$$E^{XC}(\rho)=E^{X}(\rho)+E^{C}(\rho) \tag{2-10}$$

式(2－10)中，E^{X}代表交换项的能量，E^{C}则代表关联项的能量。

系统的总能量不是电子占据态能量的直接求和，所以得到的电子态不是量子力学中系统的本征态。虽然Kohn－Sham方程在形式上和薛定谔方程相似，但他们的物理含义不同。Kohn－Sham理论成功地处理了单个电子在有效势场中无关联作用运动的情况。通过迭代方法求解Kohn－Sham方程，就能得到有相互作用双电极系统的能量和基态电荷密度，计算精度依赖于交换泛函的精度。

与其他方法相比，密度泛函理论导出的单电子Kohn－Sham方程的描述是严格的没有近似的模型，但是在实际体系中，多粒子系统相互作用的全部复杂性仍然包含在交换关联相互作用泛函E^{XC}中，而其具体形式仍然是未知且没

有精确解的。Kohn－Sham 方程的精度由交换关联能的精度所决定，因此，在实际求解过程中，电子的交换关联根据近似的不同存在不同的形式，发展高精度的交换关联泛函就成为学者关注的研究问题。

2.4 几种常用的密度近似泛函

Kohn－Sham 方程是严格的没有近似的模型，但在实际体系中，存在多电子的交换关联作用。要求解 Kohn－Sham 方程，就一定要知道这个交换关联泛函。发展高精度的交换关联泛函，一直是密度泛函理论研究的中心问题。因此，交换关联泛函的具体形式成了人们关注的另一个焦点。迄今为止，局域密度近似泛函(Local Density Approximation，LDA)、广义梯度近似泛函(Generalized Gradient Approximation，GGA)和杂化密度近似泛函(Hybrid Density Approximation，HDA)已成为学者使用最广泛的泛函。下面介绍这几种常用的交换关联泛函。

2.4.1 局域密度近似泛函(LDA)

局域密度近似(Local Density Approximation，LDA)是一种相对较为简单也较为粗糙的一种有效近似方法[87]，其基本思想是把一非均匀的电子气系统分为无限多且足够小的体积元。然后，近似地把每个体积元中的电子气看成是均匀分布且没有相互关联作用的，而每个体积元的电荷密度 $\rho(\boldsymbol{r})$ 则由此体积元在空间中的位置所决定。Kohn－Sham 假设在空间任一点处的交换关联能可被与该点有着相同电荷密度的均匀电子气的交换关联能代替，这就是局域密度近似。体系的交换关联能可用如下形式表达：

$$E_{XC}^{\mathrm{LDA}}[\rho]=\int\rho(\boldsymbol{r})\varepsilon_{XC}(\rho(\boldsymbol{r}))\mathrm{d}\boldsymbol{r} \tag{2-11}$$

式中，ρ 为电子密度，ε_{XC} 为交换关联能量密度，它仅仅是电荷密度的函数。由此可见，在局域密度近似下，只要知道了交换关联能量密度 ε_{XC} 的具体形式，则交换关联能 $E_{XC}[\rho]$ 也就知道了。由于交换关联能可以分解为交换项与关联项式(2-10)，于是问题就变为寻找交换项和关联项的表达式。

对于均匀电子气模型来说，交换项解析式比较简单，而关联项只在特殊情况下才有精确的表达式。因此，LDA 近似对于均匀电子气的情形严格成立，对电荷密度变化不剧烈的体系有比较好的结果。但对于电荷密度分布不均匀或能量变化梯度大的体系，空间中各个位置的交换关联能与其电荷密度分布密切相关。比如，LDA 近似对于自旋非极化的系统能给出能量的全局最小值，而对于磁性材料，电子能量则会有多个局部最小值。因此，对于磁性材料，LDA 的精度并不理想。LDA 近似方法普遍过高地估计了结合能（对于结合较弱的体系，过高的结合能使得键长过短）以及低估了绝缘体的带隙(甚至将绝缘体计算为金属)等。对电荷密度分布极不均匀或能量变化梯度大的系统，如一些存在过渡金属或稀土元素的材料，由于 d 电子或 f 电子的存在，其电子云的分布非常不均匀，使得空间中各点的交换关联能与空间中其他未知的电子分布密切相关，LDA 近似方法将彻底失效，因此，需要发展新的近似方法。

2.4.2　广义梯度近似泛函(GGA)

尽管局域密度近似 LDA 在第一性原理计算中已经取得了很大的成功，然而它还存在着许多不足，如原子或分子组成系统的电子密度分布不是均匀的，因此采用局域密度近似得到的结果准确度不高。为此，人们又对局域密度近似做了一些修改。一个很自然的改进是使得某一小空间里的交换关联能密度不仅跟该空间内的局域电荷密度有关，而且跟近邻小空间内的电荷密度也相关，也就是说要考虑到整个空间里电荷密度的变化，这就需要对交换关联能密度作一级修正，把电荷密度梯度也考虑进来。即在交换关联泛函中，引入电荷密度 $\rho(\boldsymbol{r})$ 的梯度，得到广义梯度近似泛函(GGA)。其思想就是考虑了电荷密度分布的不均匀性，在交换关联泛函中引入了电荷密度梯度。此时体系的交换关联能有如下的表达形式：

$$E_{XC}^{GGA}=\int f_{XC}(\rho_\alpha(\boldsymbol{r}),\rho_\beta(\boldsymbol{r}),\nabla\rho_\alpha(\boldsymbol{r}),\nabla\rho_\beta(\boldsymbol{r}))\mathrm{d}\boldsymbol{r} \tag{2-12}$$

广义梯度近似泛函(GGA)的非局域性更适合处理电荷密度分布不均匀的体系，这样大大改进了交换关联能的计算结果。如今的GGA有多种形式，其中使用比较广泛的有Beck88，Perdew - Wang91(PW91)，Perdew - Burke - Ernzerhof (PBE)形式的交换关联能泛函。

较之LDA，GGA改善了结合能和平衡晶格常数的计算结果，使之与实验结果极为吻合。这是由于当键被拉长或弯曲时，电荷密度的不均匀使得能量降低，而GGA对电荷密度不均匀处理得比较好。GGA现已成为第一性原理电子结构计算和体系物性研究的重要方法，并不断地发展和完善。但是应该注意的是，并不是GGA对所有的系统都能给出比LDA更好的结果，而且采用GGA近似的计算量大为增加，所以迄今为止，LDA和GGA近似泛函方法仍在被并列地广泛使用。

2.4.3 杂化密度近似泛函(HDA)

虽然目前GGA方法已经成为第一性原理计算电子结构研究的重要方法[87]，进一步地，还可以考虑密度的高阶梯度来使计算更为精确，比如Meta - GGA或者Post - GGA方法。甚至考虑到采用非局域的交换关联作用来改善能隙计算的结果，也就是采用非局域密度近似(beyond LDA)的做法，如GW近似。

由于Hartree - Fock计算可以给出精确的交换项，为了得到更高精度的交换关联泛函，人们又将其以适当比例混入到其他形式的交换关联泛函中(用经验参数)，发展出了所谓的杂化密度近似泛函(HDA)。例如，当下最流行的B3LYP泛函和HSE06泛函，均是以不同比例混合的交换关联泛函[88]。

2.5 密度泛函理论的计算方法

在密度泛函理论下，求解 Kohn - Sham 方程需要考虑两个因素：一个是对晶体势场的有效近似，建立一个合理的单电子哈密顿量；另一个是寻找合适的函数集，用来展开晶体波函数。根据所选基函数的特点，密度泛函计算方法大致分为以下三类。

2.5.1 原子轨道线性组合法(分子轨道理论)

原子在形成分子时，所有电子都有贡献，分子中的电子不再从属于某个原子，而是在整个分子空间范围内运动。在分子中，电子的空间运动状态可用相应的分子轨道波函数 Ψ(称为分子轨道)来描述。分子轨道和原子轨道的主要区别在于：

(1) 在原子中，电子的运动只受 1 个原子核的作用，原子轨道是单核系统；而在分子中，电子则是在所有原子核势场的共同作用下运动，分子轨道是多核系统。

(2) 原子轨道的名称用 s、p、d…… 符号表示，而分子轨道的名称则相应采用 σ、π、δ…… 符号表示。

分子轨道可以由分子中原子轨道的线性组合(Linear Combination of Atomic Orbitals，LCAO)得到。有几个原子轨道就可以组合成几个分子轨道，其中有一部分分子轨道分别由对称性匹配的两个原子轨道叠加而成，这种叠加使两核间的电子概率密度增大，其能量较原来的原子轨道能量低，有利于成键，因此称为成键分子轨道(bonding molecular orbital)，如 σ、π 轨道(轴对称轨道)；同时对称性匹配的两个原子轨道也会相减形成另一种分子轨道，结果是两核间的电子概率密度很小，其能量较原来的原子轨道能量高，不利于成键，因此称为反键分子轨道(antibonding molecular orbital)，如 σ^* 、π^* 轨道(镜面对称轨道，反键轨道的符号上常加“ * ”以与成键轨道区别)。还有一种特殊的情况即由于组成分子轨道的原子轨道空间对称性不匹配，原子轨道没有有效重叠，组合得到的分子轨道能量跟组合前的原子轨道能量没有明显差别，所得的分子轨道叫做非键分子轨道(nonbonding molecular orbital)。

电子在分子轨道中的排布同样也遵守电子在原子轨道中排布的原则，即Pauli 泡利不相容原理、能量最低原理和 Hund 规则。具体排布时，应先知道分子轨道的能级顺序。当前该顺序主要借助分子光谱实验确定。

原子轨道组合形成分子轨道时，遵从成键三原则。

1) 对称性匹配原则

只有对称性匹配的原子轨道才能组合成分子轨道，这称为对称性匹配原则。原子轨道有 s、p、d 等各种类型，从角度分布函数的几何图形可以看出，它们对于某些点、线、面等有着不同的空间对称性。对称性是否匹配，则可根据两个原子轨道角度分布图中波瓣的正、负号对于键轴(设为 x 轴)或对于含键轴的某一平面的对称性决定。

2) 能量近似原则

在对称性匹配的原子轨道中，只有能量相近的原子轨道才能组合成有效的分子轨道，而且能量愈相近愈好，这称为能量近似原则。

3) 轨道最大重叠原则

对称性匹配的两个原子轨道进行线性组合时，其重叠程度愈大，则组合成的分子轨道的能量愈低，所形成的化学键愈牢固，这称为轨道最大重叠原则。

在上述三条原则中，对称性匹配原则是首要的，它决定原子轨道有无组合成分子轨道的可能性。能量近似原则和轨道最大重叠原则是在符合对称性匹配原则的前提下，决定分子轨道组合效率的问题。

2.5.2 平面波方法

平面波是自由电子气的本征函数，是最简单的正交完备函数集。因此，原则上，晶体的单电子波函数总可以用平面波来展开。但任意一个波函数，经过平面波展开后都具有无穷多项，这对精确计算来讲是一个很大的挑战。因此在实际计算中，人们常常设定一个足够大的波矢来使得基矢集尽量完备，即给定一个电子的最大动能，这个能量被称为截断能(cut off energy)，其大小可表示为

$$E_{cut} = \frac{h^2}{2m} G_{cut}^2 \tag{2-13}$$

式中，G_{cut}为在 E_{cut}能量截断下的最大截断波矢。

在电子结构计算中，采用平面波基组对电子波函数展开有很多的优点，比如平面波基是非定域的，它不依赖于原子的具体位置。另外，还具有较好的解析形式，即正交归一化。这样，可以在不考虑交叠积分的情况下，哈密顿量矩阵元在平面波基下可以简单地用解析式表达。此外，更多的平面波还可以改善基函数集的性质。

然而，平面波基矢的缺点也非常明显，即电子越靠近原子核，电子受到的库仑作用越大，波函数变化越强烈，这就需要大量的平面波基矢对变化剧烈的波函数进行描述，这就会大大增加计算量，进而影响计算效率。不过在远离原子核的位置，波函数变化平缓，所需的平面波数量开始减少，使用正交化平面波的方法就能解决这个问题[89]。其基本思想是用紧束缚波函数的特殊线性组合来描述近核区域变化剧烈的晶体波函数，而远离原子核区域的波函数仍然用变化平缓的平面波展开，两者重叠的部分采用正交化方法去除。这种方法大大提高了计算效率。但由于近核区域波函数并不是系统哈密顿量的本征态，计算结果与真实值存在一定的误差，因此，本方法现在使用的并不多，使用比较广泛的是下面要介绍的赝势方法。

2.5.3　赝势方法

基于密度泛函理论第一性原理计算的实质是求解 Kohn - Sham 方程。在求解 Kohn - Sham 方程时，原子核产生的势场项在原子中心发散，波函数发生剧烈变化，因此，需要对大量的平面波进行扩展，这又使计算成本变得非常

高。因此，在计算中，要尽可能选取少的基函数。而平面波是自由电子气的本征函数，平面波基函数可以很方便地采用FFT技术，使能量、力等参数的计算在实空间和倒空间快速转换。此外，平面波基是非定域的，它不依赖于原子的具体位置，即不依赖于核的坐标。另外还具有较好的解析形式，如正交归一化等，且平面波计算的收敛性和精确性可以通过选择不同的截断能来控制。因此，自然的选择是用平面波来描述简单金属的电子波函数。当然平面波也有缺陷，相对于原子轨道，需要平面波基函数的数量更多。因而为了最小化平面波基函数的数量，采用赝势来描述离子实与价电子之间的相互作用。

在实际应用中，由于原子核附近的电子运动很剧烈，采用平面波方法就不能精确地处理真实的原子势。为避免这种问题，发展了赝势方法。

我们知道，原子内部的电子在能量上是分层分布的，大体上可以分为芯态电子和价态电子两类。芯态电子在晶格中只形成很窄的能带，且处在远离费米面的深能级，外界环境对其波函数影响很小，因而具有较强的可转移性。价态电子的能带处在费米面附近，它们决定了材料的电学性质、化学性质等，是研究的主要对象。但是如前所述，芯态电子离核较近，感受到较强的库仑作用，故其动量较大而且波函数振荡严重，所以，用基函数展开此类波函数不但要花费较长的计算时间，而且其在动量空间也不易收敛。因此，往往将芯态电子和原子核一起视为离子实，而价态电子此时只感受到来自该离子实的有效势。这样的一个有效势就被称为赝势，电子在赝势作用下的状态波函数就是赝波函数。由于芯态电子对原子核库仑作用的屏蔽，所以赝势比较浅，赝波函数比较平坦，这样就减少了计算量。

赝势的思想就是通过构造新的原子势，使电子波函数在原子核附近表现得更为平滑，而在芯区外又能正确反映真实波函数的性质，即移除消耗计算资源的内壳层电子而用一个平缓势场来替代。赝势的发展已经经过半个多世纪，从固体能带理论发明以后，不断地发展起来。

最初的赝势是在正交化平面波的基础上构建的[89]。此后，又出现了模守恒赝势(Norm - Conserving Pseudopotentials NCPP)和超软赝势(Ultra - Soft Pseudopotential USPP)[90-91]。其中，模守恒赝势的精确度能够大幅提升，且能够在实空间或是倒空间中使用；超软赝势所需的平面波基函数最少，但其只可在倒空间中使用。

相对于全电子计算方法，赝势的使用提高了计算精度，减少了计算量，成为当前第一性原理计算最常见的使用方法。此外，为了使得计算结构更具有说服力，赝势测试也是十分必要的。

2.6 常用量子力学计算程序包

VASP (Vienna Ab - initio Simulation Package)软件是由维也纳大学的Hafner团队开发的用于电子结构计算和量子力学-分子动力学仿真的软件包，是当前在计算材料领域中应用最为广泛的计算软件之一。它利用平面波基函数对晶体波函数进行扩展，并采用平面波赝势法对晶体波函数进行逼近。该软件基于密度泛函理论求解 Kohn - Sham 方程以及多体的薛定谔方程来计算材料的基态能量与性质，在计算中可以实现使用较少的平面波即可获得较为可靠的结果。本书的研究对象之一是二维及一维石墨烯-氮化硼异质结，其体系属周期性晶体结构，因而其仿真计算需采用平面波基组对电子波函数进行展开，故采用平面波基组进行展开的 VASP 软件进行仿真计算。

SIESTA(Spanish Initiative for Electronic Simulations with Thousands of Atoms)是一个可以免费索取许可的、基于密度泛函理论的、从头算量子力学程序计算软件，用于分子和固体的电子结构计算和分子动力学模拟。SIESTA 使用标准的 Kohn - Sham 自洽密度泛函方法，计算采用完全非局域形式(Kleinman - Bylander)的标准守恒赝势。基组是数值原子轨道的线性组合(LCAO)，将电子波函数和密度投影到实空间网格上以计算 Hartree 和交换关联势。一般情况下，可计算的原子体系较大，可模拟上千个原子的体系。

Material Studio(MS)是由分子模拟软件界的领先者——美国 Accelrys 公司在 2000 年初推出的针对材料科学开发的新一代材料模拟软件。该软件采用材料模拟中领先的并广泛应用的模拟方法形成一个集量子力学、分子力学、介观模型、分析工具模拟和统计相关为一体的建模环境。Dmol3 是 MS 中的一个模块，以密度泛函理论为基础，采用数值化原子轨道基函数，用数值积分方法求解 Kohn－Sham 方程，是独特的密度泛函理论量子力学模块，可用以研究气相、溶液、表面和固体系统。由于它独特的静电学近似，Dmol3 一直是计算速度最快的分子密度泛函计算方法之一(使用非局域化的分子内坐标，可以快速优化分子和固体系统的结构)。Dmol3 采用原子轨道作为基组，可以做全电子或基于赝势的计算。

CASTEP，全称为 Cambridge Serial Total Energy Package，始于剑桥大学凝聚态理论研究组开发的一系列程序，多集成在 MS 或与之对应的 Linux 操作系统的系列软件平台上，该软件基于总能量平面波赝势理论，采用模守恒赝势或超软赝势平面波基函数，运用原子数目和种类来预测包括材料的晶格参数、分子对称性、结构性质、能带结构、固态密度、电荷密度、波函数以及光学性质等。高效并行版本还可以模拟包含数百原子的大系统。CASTEP 是一个基于密度泛函方法的从头算量子力学程序，常做周期性计算。对于非周期性结构一般要将特定的部分进行周期化处理。现已广泛应用于陶瓷、半导体、金属等多种材料，可被用于研究晶体材料的物理性质、表面和表面重构性质、表面化学、电子结构(能带及态密度)、晶体的光学性质、点缺陷性质(如空位、填隙原子或替代掺杂)、扩展缺陷(晶粒间界、位错)、体系的三维电荷密度、波函数以及红外光谱等。

Gaussian 是由美国卡内基梅隆大学开发的功能强大的量子化学综合软件包，使用的是高斯型基函数，是应用最广泛的用于半经验和从头算的量子化学软件。理论基础主要是原子轨道线性组合方法，另外还提供若干分子动力学、半经验和传统量子化学方法，以及 LDA、GGA 与 HDA(B3LYP)方法的各种交换关联泛函，所以除了 DFT 的各种计算方法外还能模拟各种化学反应过程及各种光谱等，适于对有机分子或高对称系统进行精确计算。由于本书的主要研究对象之一是零维石墨烯纳米片结构，属孤立体系而非周期性体系，其电子的自旋性质的研究计算可以使用 Gaussian 软件进行仿真计算。

2.7 小　结

基于第一性原理的计算方法可以在不使用任何已知经验参数的基础上，仅通过使用一些最基础的物理量与一些物理学原理，即可计算出材料的基态结构及相关的性质特征。通过三大近似(非相对论近似、绝热近似与单电子近似)，发展出一种计算更加精确且计算更加简单的密度泛函理论。这种简化主要是考虑了电子与电子之间的交换能与相关能，即更加准确地描述了电子-电子间的相互作用，从而使得计算更加精确。基于密度泛函理论的第一性原理计算已经成为目前材料、物理领域以及量子化学计算中应用最为广泛、计算最为精确的有效计算方法之一，通过选择适合的量子力学计算软件包，即可实现相应的理论计算。

第3章　零维石墨烯纳米片的自旋注入

3.1 引　言

随着器件日益小型化的发展趋势，利用纳米材料来实现自旋电子学器件越来越受到研究者们的关注。纳米尺寸的自旋电子器件结合了磁性以及纳米材料的优点。纳米尺寸下的电子器件就是通过量子限域效应，将半导体材料中的电子通过各种方式束缚在一个微小的空间尺寸范围内，使得电子在各个方向的运动受限。与二维石墨烯纳米材料相比，零维石墨烯纳米材料可暴露出大量的边界碳原子，而边界碳原子的成键特征不同于内部碳原子，这就使得低维石墨烯纳米材料可以呈现出不同于大块石墨烯的电学和磁学性质。量子限域效应和边界效应的共同作用，使得石墨烯传导电子间具有了更强的库仑相互作用，从而促使低维石墨烯纳米材料的电子自旋、电荷、晶格间的耦合变得愈发强烈，对石墨烯纳米片的本征属性产生很大的影响。目前的研究已经证明，石墨烯通过裁剪降低维度后，三角形锯齿型边界的石墨烯纳米片可以产生净磁矩[23]，使得以其为基本构建单位的石墨烯纳米片在“全石墨烯自旋器件”上有了很大的应用空间。然而，尽管在理论与实验上，对零维石墨烯纳米片的研究不断加大，但对石墨烯纳米片产生磁性的规律还未摸清，对石墨烯纳米片产生稳定磁性的研究仍在不断进行。因此，有必要在理论上对石墨烯纳米片产生边界磁性的规律进行详细的研究，对石墨烯纳米片的电子自旋分布进行详细的探讨，探索零维石墨烯纳米片应用到“全石墨烯自旋器件”的可能性。

拓扑阻挫(Topological Frustration)，是在某些特定的几何结构上产生的物理系统[92]。众所周知，石墨烯是由两个子晶格组成(两个子晶格可被标记为A和B)。当二维石墨烯由于量子限域效应被切割为零维石墨烯纳米片(GNF)时，零维石墨烯纳米片会存在不同的拓扑阻挫。根据石墨烯两个子晶格是其中一个还是两个子晶格都受阻挫，零维石墨烯纳米片被分成两类[25]。此时，由于无法同时满足所有的竞争相互作用，在费米能级处产生了简并的零能态，即非键态(NonBonding States，NBS)。零能态的数目被定义为$\eta=2\alpha-N$，其中α是零维石墨烯纳米片最大的非近邻格点数目，N是体系总的格点数目[93]。第一类零维石墨烯纳米片，只有一个子晶格受阻挫。这时石墨烯纳米片最大的非近邻格点数量只涉及一个子晶格A或B。图3-1(a)和(b)分别为锯齿型边界的三角形零维石墨烯纳米片和锯齿型边界的六边形零维石墨烯纳米片。这时图3-1中所有的红色小圆点，即零维石墨烯纳米片中的最大非近邻格点都属于同一个子晶格。此类的零维石墨烯纳米片服从Lieb定理，其净磁矩(S)为$S=|N_A-N_B|/2$，零能态$\eta=2\alpha-N=2S$。

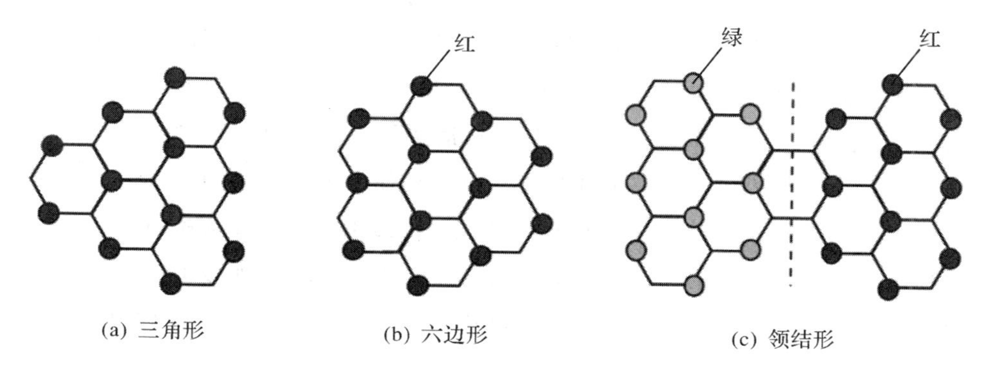

(a) 三角形　(b) 六边形　(c) 领结形

图3-1　不同形状的石墨烯纳米片子晶格受阻挫示意图[25]

然而，对于第二类零维石墨烯纳米片，两个碳原子的子晶格A和B同时受阻挫的情况，如图3-1(c)所示。这时图3-1(c)中所有的小圆点由红色和绿色小圆点组成，即此零维石墨烯纳米片中的最大非近邻格点不再属于同一个子晶格，而是两个子晶格都有贡献，Lieb定理不再适用。此时的零维石墨烯纳米片产生零能态的数目不再满足体系净磁矩的2倍关系，即$\eta=2\alpha-N\neq 2S$。这也就意味着，此类结构下的零维石墨烯纳米片的总磁矩 S 为零时，体系仍然可能产生简并的零能态 η，而简并的零能态对体系的磁性分布将会产生怎样的影响，则是本章要重点研究的问题。

由于石墨烯非零磁矩的出现十分依赖于其几何拓扑结构，本章采用第一性原理的密度泛函理论(DFT)来计算研究这两类受不同阻挫的零维石墨烯纳米片的基态电学磁学性质表现，重点研究第二类受阻挫的零维石墨烯纳米片在拓扑阻挫下产生的零能态与磁性强度的关系。

本章中所有的几何优化计算均是使用 Gaussian 软件包进行的。本章采用了广义梯度近似(GGA)方法中的 Perdew - Burke - Ernzerh (PBE)函数[94]，并采用 6-31G ** 水平下的高斯基组进行理论仿真计算。模型中优化前所有碳原子之间的初始键长设为 1.42 Å。由于研究的是体系的电子自旋属性，所以本章中反铁磁性耦合仿真采用非限制性开壳层的方法(unrestricted)进行，铁磁性耦合仿真则采用限制性闭壳层的方法(restricted)进行计算。其中，对锯齿型边界的领结形零维石墨烯纳米片(bowtie - shape GNF)模型基态的开壳层结构优化计算并不是对模型直接优化得到的，因为此时体系具有相同数量的自旋向上和自旋向下的电子，这些电子需要被打破自旋对称，而单纯使用非限制性开壳层计算的方法则会导致体系拥有更高的能量，从而不符合基态能量最低的原则。因此，这里首先采用片段分子轨道法得到初始自旋破缺猜测的波函数[94-97]，然后再利用已经被破坏自旋对称的初始波函数得到对称和非对称领结形零维石墨烯纳米片的净自旋单线态基态。由于对称和非对称领结形零维石墨烯纳米片属于第二类拓扑阻挫的零维石墨烯纳米片，所以对其基态电子自旋性质的计算分析是本章重点。模型中，N 是边界出现的苯环数量，边界不饱和的碳原子由氢原子进行饱和处理。

3.2 第一类石墨烯拓扑阻挫体系的自旋注入

当二维石墨烯材料被切割为零维石墨烯纳米片(GNF)时，根据石墨烯碳原子两个子晶格是其中一个受阻挫还是两个子晶格都受阻挫，零维石墨烯纳米片被分为了两类。第一类，只有一个子晶格受阻挫。这时的零维石墨烯纳米片最大的非近邻格点数量只涉及一个子晶格 A 或 B。此时，Lieb 定理适用。本书将重点从形状效应和尺寸效应去研究典型几何构型下的第一类零维石墨烯纳米片电子基态自旋性质表现。

3.2.1　三角形锯齿型边界的石墨烯纳米片自旋电子性质研究

首先，以锯齿型边界的三角形零维石墨烯纳米片为例，考察最简单也就是边界 $N=3$ 的情况，模型如图 3-2(a)所示。这时的零维石墨烯纳米片由于量子限域效应，最大非近邻格点数 $\alpha=12$，总的格点数目 $N=22$，子晶格数 $N_A=12$，$N_B=10$，故三角形零维石墨烯纳米片的净磁矩(S)为

$$S=\frac{|N_A-N_B|}{2}=1$$

零能态为

$$\eta=2\alpha-N=2\times12-22=2$$

满足 Lieb 定理。此时的三角形零维石墨烯纳米片的净磁矩不为零，纳米片具有磁性。图 3-2(b)为此模型的自旋密度分布图，可以清晰地看到，锯齿型边界的三角形零维石墨烯纳米片的边界和内部均有自旋密度分布，其中由于三角形三边均为锯齿型边界，边界碳原子都属于同一种子晶格，故三边的边界自旋密度分布均为同一种自旋取向，即图 3-2(b)中的红色。由图 3-2(b)可以清晰地看到，此体系下磁性分布属红色的碳原子自旋分布总和大于属蓝色的碳原子自旋分布，故整个体系的磁性为铁磁性，红色和蓝色分别代表电子的两种不同自旋取向。此外，从图 3-2(b)中还可以看到，边界碳原子的自旋强度或是磁性强度要大于内部碳原子的磁性，这说明了对于三角形锯齿型边界的零维石墨烯纳米片，边界碳原子发挥着更大的作用。

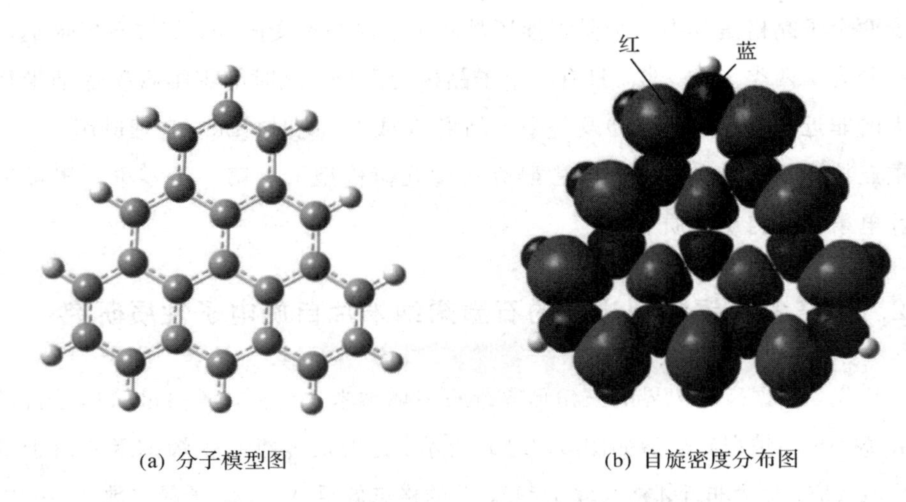

(a) 分子模型图　　　　(b) 自旋密度分布图

图 3-2　边界 $N=3$ 的锯齿型边界三角形石墨烯纳米片

图 3-3(a)和(b)为此体系前线分子轨道的波函数分布图，即 spin-up Highest Occupied Molecular Orbital（α-HOMO）和 spin-down Highest Occupied Molecular Orbital(β-HOMO)，这时两个自旋方向的波函数基本分布在整片石墨烯纳米片内。由于此体系边界碳原子的子晶格数不同，即 $N_A \neq N_B$。故当模型尺寸增加时，净磁矩 $S=|N_A-N_B|/2$ 将进一步增大，且仍为铁磁性磁序分布，这里与之前的研究结果相符[23]。因此，三角形零维石墨烯纳米片成为了人工磁性分子，使其在石墨烯自旋电子器件中有巨大的潜在应用价值。

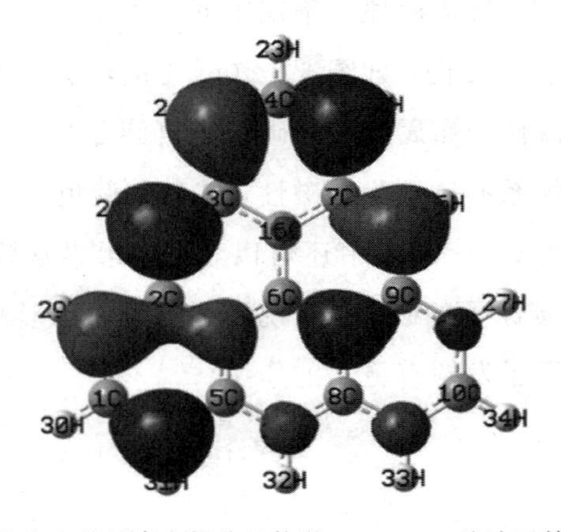

(a) 自旋向上的最高占据分子轨道(α-HOMO)的波函数分布图

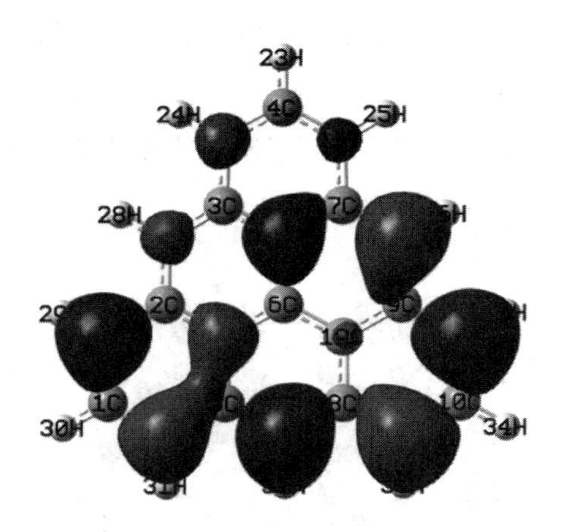

(b) 自旋向下的最高占据分子轨道(β-HOMO)的波函数分布图

图 3－3　边界 $N=3$ 的锯齿型边界三角形石墨烯纳米片的前线轨道波函数分布图

3.2.2　正六边形锯齿型边界的石墨烯纳米片自旋电子性质研究

图 3－4(a)所示为零维正六边形锯齿型边界的石墨烯纳米片模型，这时的最大非近邻格点数为 27，总的格点数目 N 为 54，子晶格数 $N_A=27$，$N_B=27$。根据 Lieb 定理，此纳米片结构的净磁矩(S)为

$$S=\frac{|N_A-N_B|}{2}=0$$

零能态为

$$\eta=2\alpha-N=2\times 27-54=0$$

因此，此结构的零维石墨烯纳米片不显磁性。由之前的研究结果可知，零维正六边形石墨烯纳米片同一条边界的碳原子由于同属一个子晶格，故有相同取向的自旋密度分布，而相邻两条边界碳原子分属于不同的子晶格，故相邻边界的自旋分布取向相反，如图 3－4(b)所示[98]。此外，由图 3－4(b)的曲线可知，此零维正六边形石墨烯纳米片体系的磁性耦合强度($E_{FM}-E_{AFM}$)随石墨烯纳米片的边界尺寸线性增加，故反铁磁磁序分布的能量稳定性随体系尺寸的增大进一步增强。然而，从零维正六边形石墨烯纳米片的自旋密度分布图中可以清楚地

看到，此时体系的磁性主要集中于边界，而在正六边形锯齿型边界的石墨烯纳米片的内部碳原子上却基本没有磁性的分布。因此，此种几何结构的零维石墨烯纳米片只能诱导出边界磁性，也说明了对于零维锯齿型边界的石墨烯纳米片来说，边界碳原子发挥着更大的作用。

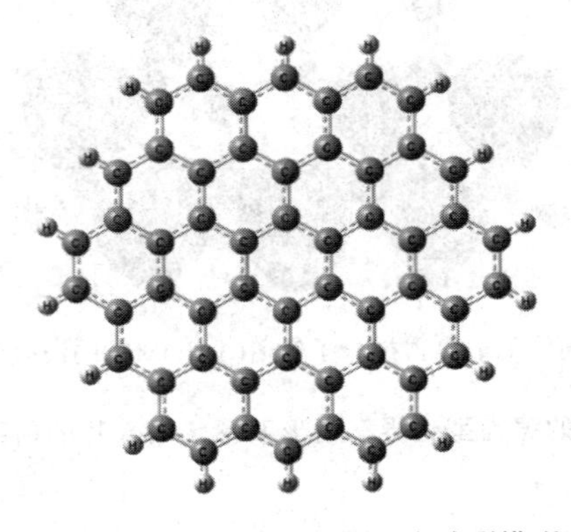

(a) 边界N=3的锯齿型边界正六边形模型

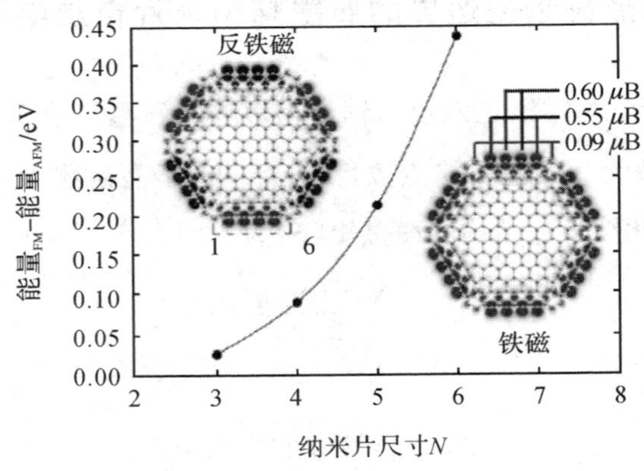

(b) 自旋密度分布及磁耦合强度对尺寸的变化

图 3－4　零维正六边形石墨烯纳米片[98]

3.2.3　菱形锯齿型边界的石墨烯纳米片自旋电子性质研究

接下来研究零维锯齿型边界的菱形石墨烯纳米片的自旋电子性质。此时的几何构型如图 3－5(a)所示。对于此边界 $N=5$ 的体系，由于量子限域效应，最

大非近邻格点数为 $\alpha=15$，总的格点数 $N=30$，子晶格数 $N_A=15$，$N_B=15$。因此，此菱形的零维石墨烯纳米片的净磁矩为

$$S=\frac{|N_A-N_B|}{2}=0$$

零能态为

$$\eta=2\alpha-N=2\times15-30=0$$

满足 Lieb 定理。此时菱形零维石墨烯纳米片的净磁矩为零，体系仍然没有净磁性。图 3-5(b)为此体系模型的自旋密度分布图，由图 3-5(b)可以清晰地看到，锯齿型边界的菱形零维石墨烯纳米片左侧三角形中的碳原子以红色的自旋分布为主，右侧的三角形中碳原子以蓝色的自旋分布为主，且呈对称性分布。由于左右两侧三角形的边界碳原子分属于不同的子晶格，因此，菱形零维石墨烯纳米片的磁性分布呈反铁磁性分布，而分别构成菱形的两个三角形的相邻边界则自旋呈同一种分布，红色和蓝色分别为电子两种不同的自旋取向。同零维三角形石墨烯纳米片相似，边界碳原子的自旋强度或是磁性强度要大于内部碳原子的磁性强度，这也说明了对于零维锯齿型边界的石墨烯纳米片来说，边界碳原子发挥着更大的作用，且构成菱形的两个三角形距离最远的碳原子处自旋密度最大，磁性最强。

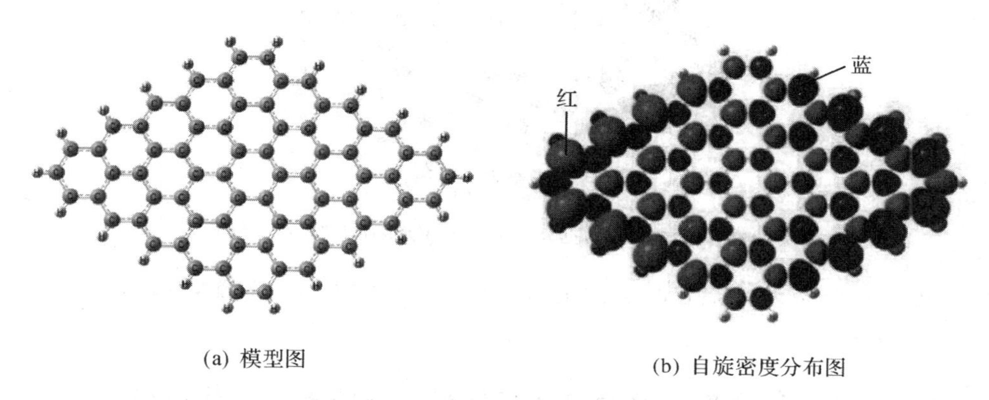

(a) 模型图　　(b) 自旋密度分布图

图 3-5　边界 $N=5$ 的锯齿型边界菱形零维石墨烯纳米片

图 3-6(a)和(b)为此体系不同自旋方向的前线分子轨道的波函数分布图，即 spin-up Highest Occupied Molecular Orbital（α-HOMO）和 spin-down

Highest Occupied Molecular Orbital (β-HOMO)，这时的电子波函数具有很强的定域特性，不同自旋取向的波函数基本分布在一侧的三角形石墨烯纳米片内。由于此体系边界碳原子的子晶格数相同，即 $N_A = N_B$，故当模型尺寸增加时，净磁矩 $S = |N_A - N_B|/2$ 仍为零，但分布于整个纳米片内的反铁磁磁序仍然存在。因此，零维菱形石墨烯纳米片也可以成为人工磁性分子，使其可在石墨烯自旋电子器件中得以应用。

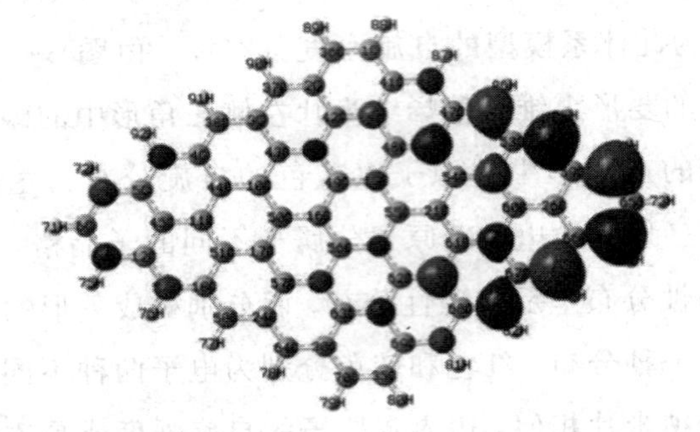

(a) 自旋向上的最高占据分子轨道(α-HOMO)的波函数分布图

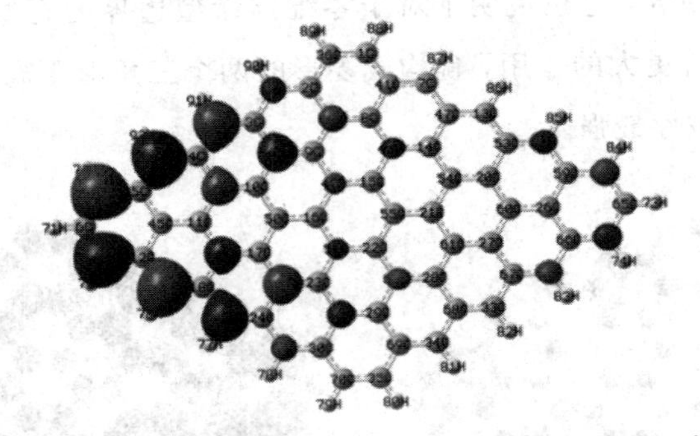

(b) 自旋向下的最高占据分子轨道(β-HOMO)的波函数分布图

图 3-6　边界 $N=5$ 的锯齿型边界菱形石墨烯纳米片的前线分子轨道波函数分布图

3.2.4　矩形锯齿型边界的石墨烯纳米片自旋电子性质研究

最后，考虑最常见的锯齿型边界的矩形零维石墨烯纳米片，模型如图 3-7(a)所示。此模型宽为 4，长为 4。由于量子限域效应，最大非近邻格点数为 $\alpha=18$，

总的格点数目 $N=36$，子晶格数 $N_A=18$，$N_B=18$。因此，此矩形石墨烯纳米片的净磁矩为

$$S=\frac{|N_A-N_B|}{2}=0$$

零能态为

$$\eta=2\alpha-N=2\times18-36=0$$

此时的矩形零维石墨烯纳米片的净磁矩为零，此几何构型的零维石墨烯纳米片没有净磁性。由图 3-7(b)可以清晰地看到，锯齿型边界的矩形零维石墨烯纳米片结构上半部分的碳原子以蓝色的自旋分布为主，下半部分的碳原子以红色的自旋分布为主，且呈对称性分布。由于上下两个边界的碳原子分属于不同的子晶格，因此，矩形零维石墨烯纳米片的磁性分布呈反铁磁性分布，而每个锯齿型边界的碳原子由于分属同一种子晶格，故自旋呈同一种分布，红色和蓝色分别为电子两种不同的自旋取向。由于此体系边界碳原子的子晶格数相同，即 $N_A=N_B$，故当模型尺寸增加时，净磁矩 $S=|N_A-N_B|/2$ 仍为零，但分布于整个纳米片内的反铁磁磁性仍然存在。同零维三角形、菱形石墨烯纳米片相似，锯齿型边界碳原子的自旋强度或是磁性强度要大于内部碳原子的磁性强度，这也说明了对于零维锯齿型边界的石墨烯纳米片来说，边界碳原子发挥着更大的作用。因此，零维矩形的石墨烯纳米片也可以成为人工磁性分子，使其可在石墨烯自旋电子器件中得以应用。

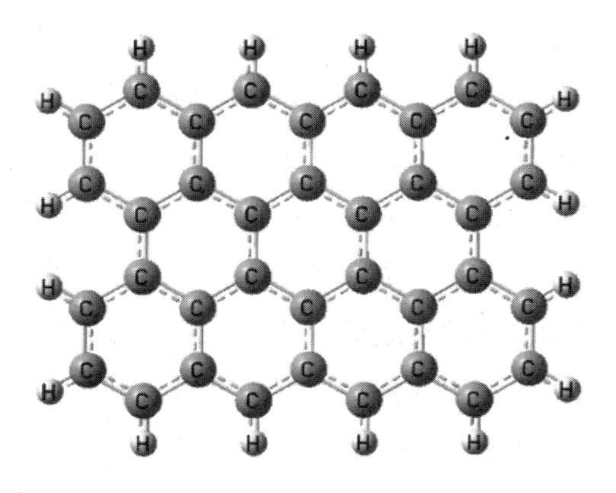

(a) 模型图

(b) 自旋密度分布图

图 3-7 边界为长 $N=4$、宽 $M=4$ 的锯齿型边界矩形零维石墨烯纳米片

接下来从量子限域效应角度来研究其对电子波函数分布产生的影响。虽然经分析得出了零维石墨烯纳米片的磁性主要来源于锯齿型边界，但为了客观地证明量子限域效应对电子波函数分布带来的影响，这里将模型尺寸从 $N=4$，$M=5$ 逐步增加到 $N=4$，$M=7$。图 3-8(a)，(b)，(c)，(d)，(e)，(f)依次为体系 4×5，4×6，4×7 不同自旋方向的前线分子轨道的波函数分布图，这里用 α 代表自旋向上、β 代表自旋向下的最高占据分子轨道，即 Highest Occupied Molecular Orbital，HOMO。从图 3-8(a)和(b)可以看到，此时不同自旋取向的电子波函数主要分布在两个锯齿型边界，并由锯齿型边界向内逐渐递减。随着锯齿型边界尺寸的增大，由图 3-8(c)和(d)可以看到，纳米片内的波函数开始减少，最后由图 3-8(e)和(f)，波函数已经基本定域分布在了两个锯齿型边界处，纳米片内的波函数所占整个波函数的分布已经很小。即随着零维矩形石墨烯纳米片结构尺寸的增加，波函数由离域分布在整个纳米片上逐渐变化为分布在锯齿型边界上，即锯齿型边界碳原子对波函数的贡献大大增加，相反，纳米片中间的碳原子对波函数的贡献随着纳米片尺寸的增大反而变小。由于矩形零维石墨烯纳米片是唯一会引入扶手椅型边界的几何构型，而锯齿型边界才是石墨烯边界磁性的来源所在。因此在应用矩形零维石墨烯纳米片时，要尽量增加锯齿型边界的边界占比。

此外，由这些模型计算出的电子能带带隙也反映出了量子限域效应对零维石墨烯纳米片电子能带结构的重要影响，因此，边界效应和尺寸效应对零维石墨烯纳米片的重要性可见一斑。这些由量子限域效应带来的新奇的性质都对将零维石墨烯纳米片应用到自旋电子学领域提供了非常重要的理论基础，为实现“全石墨烯”自旋电子器件提供了新的思路。

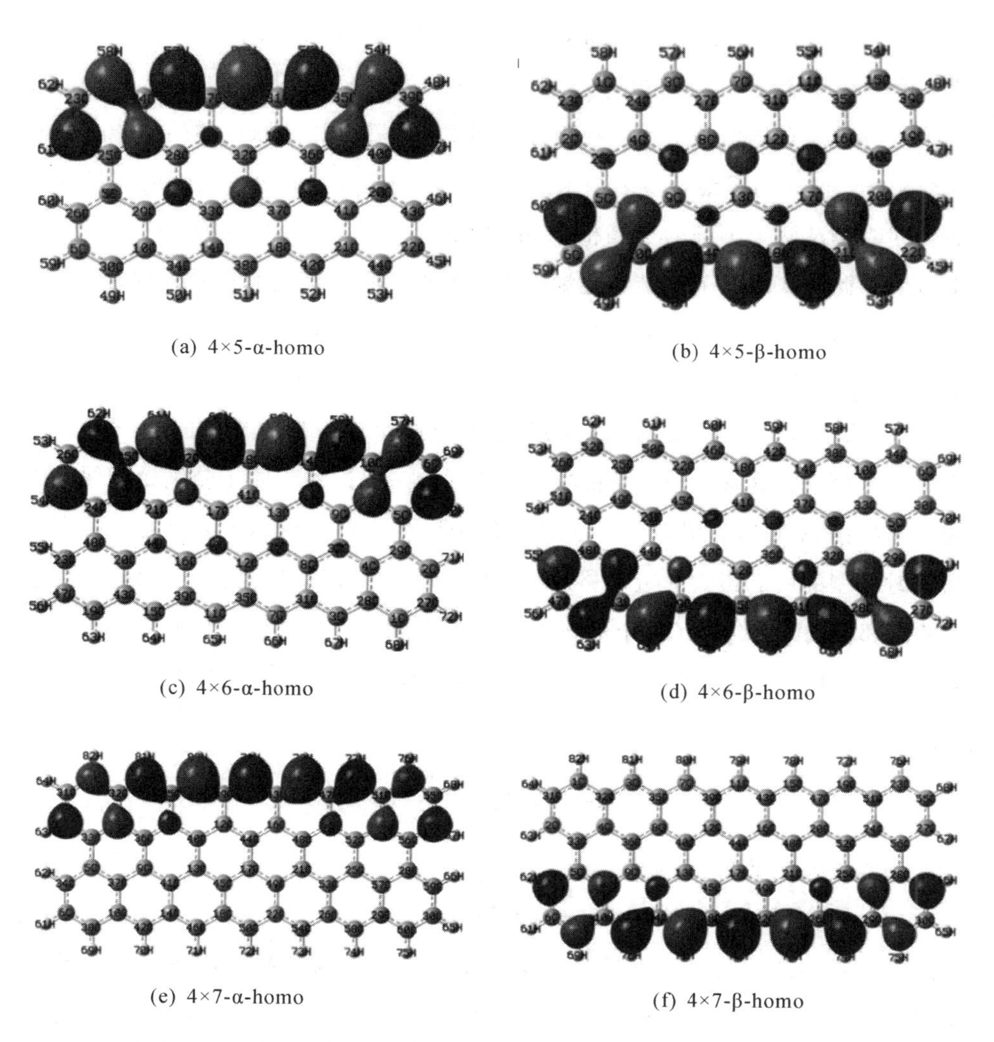

(a) 4×5-α-homo　(b) 4×5-β-homo

(c) 4×6-α-homo　(d) 4×6-β-homo

(e) 4×7-α-homo　(f) 4×7-β-homo

图3-8　锯齿型边界矩形零维石墨烯纳米片的前线轨道波函数分布图

3.3 第二类石墨烯拓扑阻挫体系的自旋注入

对于第一种拓扑阻挫的情况，相关的学者研究较多，因为其符合 Lieb 定理，零维石墨烯纳米片净磁性与产生的零能态具有一定的线性关系。然而，对于第二类零维石墨烯纳米片拓扑阻挫的情况，即石墨烯碳原子的两个子晶格同时受阻挫。这时的零维石墨烯纳米片不仅几何构型较为特殊，最大的非近邻格点会同时涉及两个不同的子晶格 A 和 B，此时不服从 Lieb 定理。这一小节将重点研究此几何构型下零维石墨烯纳米片的电子自旋极化的性质表现。

针对第二类零维石墨烯纳米片拓扑阻挫的情况，本小节选取最大的非近邻格点同时涉及两个不同子晶格 A 和 B 的典型几何构型——领结形零维石墨烯纳米片，如图 3-9 所示。此几何构型是通过两个锯齿型边界的零维三角形石墨烯纳米片对称连接而成，左右两个三角形的三条边界碳原子分别属于两个不同的子晶格 A 和 B，如图 3-9 中的红色和绿色小圆点所示，图中的小圆点即为此时模型的所有最大非近邻格点。从图 3-9 中可以清晰地看到，此体系的最大非近邻格点同时包含了两个不同的子晶格 A 和 B，且属于 A 和 B 的最大非近邻格点数量相等。此体系属于两个子晶格的碳原子数都为 19，即 $N_A=N_B=19$，净磁矩为

$$S=\frac{|N_A-N_B|}{2}=0$$

产生的零能态的数目为

$$\eta=2\alpha-N=2\times20-38=2$$

净磁矩与零能态的数目不再是第一类零维石墨烯纳米片拓扑阻挫出现的线性关系，此时体系的磁性不再满足 Lieb 定理。这是一个值得注意的发现，即此几何构型下的零维石墨烯纳米片虽然总磁矩为零，但此时却产生了两个零能态，这两个零能态会对此体系的电子自旋产生怎样的影响，下面本书就通过第一性

原理计算中的密度泛函理论来重点研究此类型的零维石墨烯纳米片的电子自旋特性。

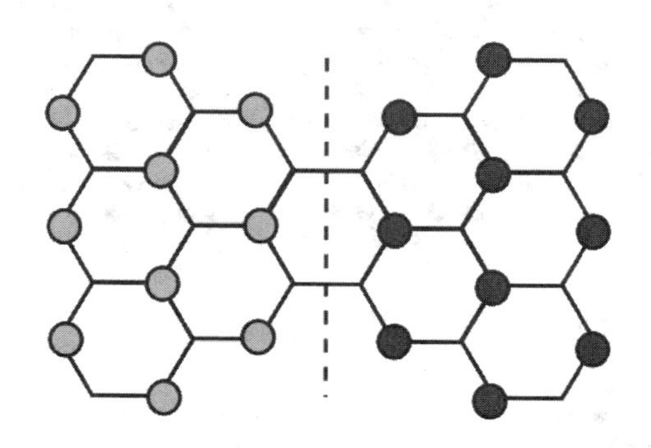

图 3-9　第二类石墨烯纳米片结构的典型代表——领结形石墨烯纳米片[25]

首先，本节通过 Gaussian 软件建立了不同尺寸锯齿型边界的领结形零维石墨烯纳米片模型。由于此几何构型是由两个三角形锯齿型边界的纳米片组成，且此两个三角形可以有不同的连接宽度，因此，这里取 n 为三角形边长的苯环数量，m 为连接宽度的苯环数量，根据三角形的连接情况，分为对称和不对称的领结形零维石墨烯纳米片，如图 3-10 所示。其中 $n=3, 4, \cdots, 7$，代表领结形三角形的边界苯环数量；连接宽度 $m=1, 2, 3, 4, \cdots$，代表两片锯齿型边界三角形零维石墨烯纳米片连接处的苯环数量。两套具有代表性的对称和非对称锯齿型边界的领结形零维石墨烯纳米片模型如图 3-10 所示，其中 (a) n5m1 (b) n5m2 (c) n5m3 分别为对称锯齿型边界的领结形零维石墨烯纳米片，(d) n4m1 (e) n4m2 (f) n4m3 分别为非对称锯齿型边界的领结形零维石墨烯纳米片。这里所有的几何优化计算均是基于第一性原理计算的密度泛函理论(DFT)，使用 Gaussian 09 程序包进行的。此时仍然采用广义梯度近似(GGA)方法中的 Perdew-Burke-Ernzerh (PBE)函数以 6-31G ** 高斯基组的水平来进行电子自旋极化性质的计算，所有碳原子之间的初始键长设为 1.42 Å，边界原子用氢原子进行饱和处理。

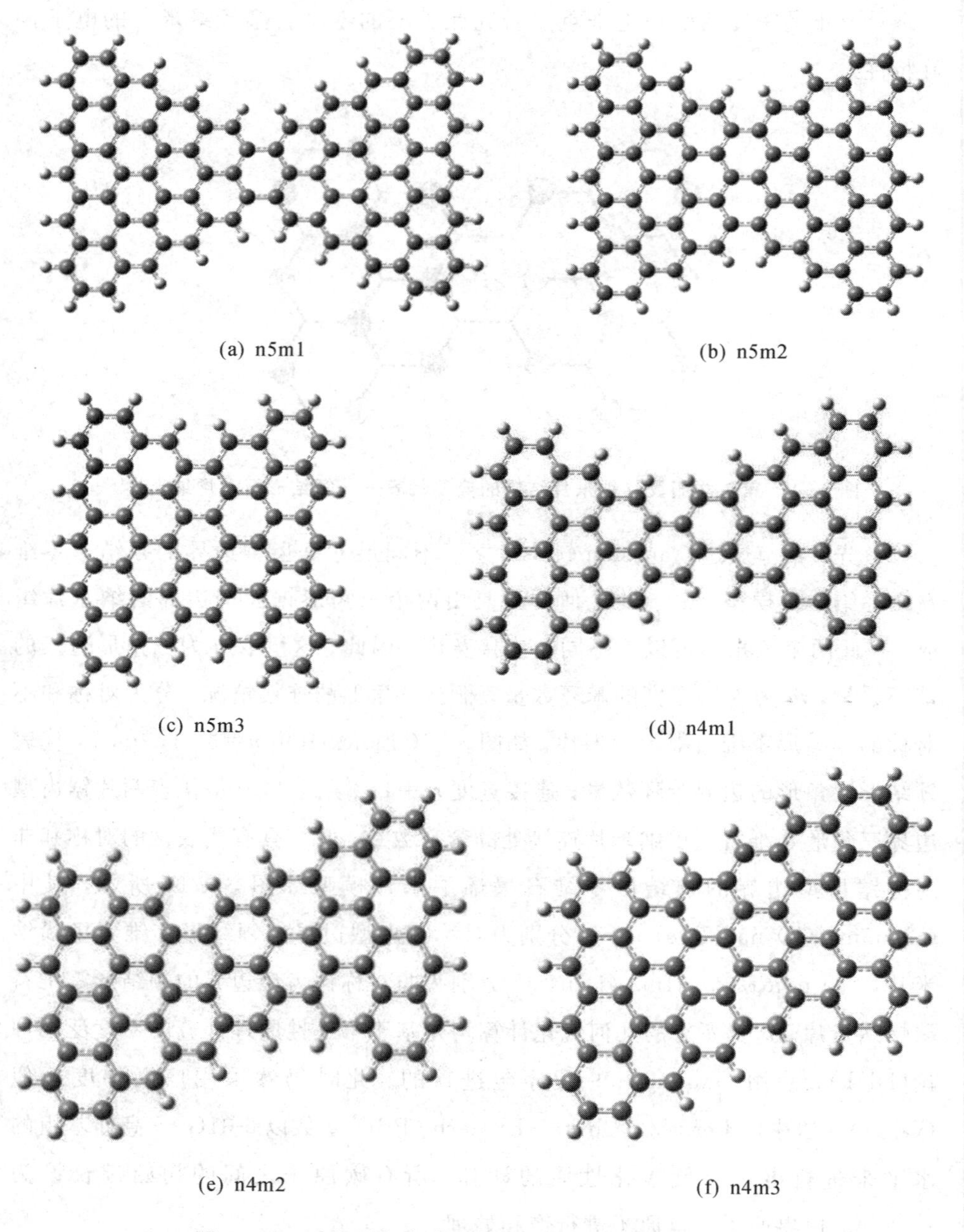

图 3-10 对称型和非对称型领结形零维石墨烯纳米片

现在研究体系基态的电子自旋极化性质。图 3－11 是使用了 GGA 方法中的 PBE 密度泛函计算得到的对称和非对称型零维领结形石墨烯纳米片的自旋密度分布图，图中不同的颜色表示不同的自旋状态：蓝色表示自旋向上的自旋密度，红色表示自旋向下的自旋密度。

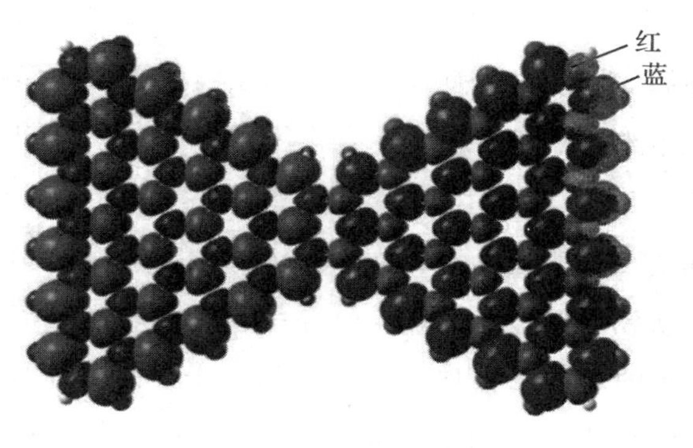

(a) n6m1

(b) n4m2 GNF的基态自旋密度分布。

注：不同的颜色表示不同的自旋状态：蓝色表示自旋向上的自旋密度，红色表示自旋向下的自旋密度。

图 3－11　采用非限制性(Unrestricted) PBE/6-31G ** 方法，得到对称和不对称领结形结构

由图 3－11 中可以清晰地看到，体系左侧的零维三角形石墨烯纳米片中的碳原子以蓝色的自旋取向密度分布为主，而右侧的零维三角形石墨烯纳米片中的碳原子以红色的自旋取向密度分布为主，且两侧的自旋密度分布呈对称性分布。因此，无论对称还是非对称的锯齿型边界的领结形零维石墨烯纳米片的基态都呈现出了严格的反铁磁性磁性分布特性(Anti Ferro Magnetic AFM)，且自旋密度由边界碳原子向纳米片内的碳原子逐渐递减，这种强反铁磁特性的结构是一种自然的非逻辑门，只要将零维石墨烯纳米片一侧三角形输入一个自旋方向的密度，则在另一侧三角形零维石墨烯纳米片上就自动得到了另一个自旋方向的且大小相同的密度，从而可实现实际非门的逻辑操作运算[23, 25]。可见这种几何构型的零维石墨烯纳米片虽然没有净磁性，但却有很强的反铁磁磁性分布。

下面基于前线分子轨道(Frontier Molecular Orbital, FMO)理论，从电子波函数的角度分析锯齿型边界的领结形零维石墨烯纳米片的基态电子分布表现。一个分子周围的电子云根据不同的能量水平，可分为不同能级的分子轨道。被电子占据的最高电子能级(Highest Occupied Molecular Orbital, HOMO)和不被电子占据的最低电子能级(Lowest Unoccupied Molecular Orbital, LUMO)决定了体系的物理性质和化学反应。虽然其他能量的分子轨道对其物理化学性质也有影响，但影响很小，可以忽略。图 3-12(a)和(b)分别为对称型领结形零维石墨烯纳米片 n6m1 自旋向上和自旋向下的最高占据分子轨道的波函数分布图，图 3-12(c)和(d)分别为对称型领结形零维石墨烯纳米片 n6m1 自旋向上和自旋向下的最低未占据分子轨道的波函数分布图。其中，红色和绿色表示波函数的正负相位，其模的平方表示电子云密度。从图 3-12(a)和(b)中可以很明显地看到，自旋向上的最高占据分子轨道(α-HOMO)和自旋向下的最高占据分子轨道(β-HOMO)表现出对称的电子波函数分布特征，但却完全局域在不同的三角形内而不是分布在整个领结形零维石墨烯纳米片上。因此，电子云密度的局域性分布特性使得电子-电子间库仑作用增大，最终导致了较强的反铁磁耦合特性。同样的，图 3-12(c)和(d)中自旋向上最低未占据分子轨道(α-LUMO)和自旋向下的最低未占据分子轨道(β-LUMO)离域的波函数分布也可说明同样的反铁磁耦合特性。因此，从前线分子轨道理论的波函数分布可对领结形零维石墨烯纳米片的基态反铁磁磁性分布的特性进行定性说明。

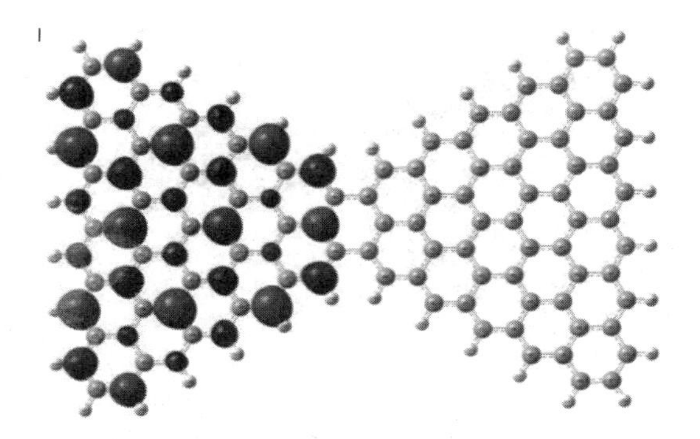

(a) 自旋向上的最高占据分子轨道波函数分布

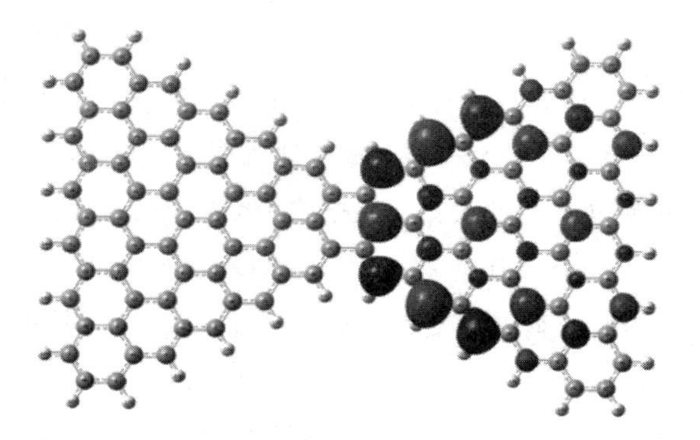

(b) 自旋向下的最高占据分子轨道波函数分布

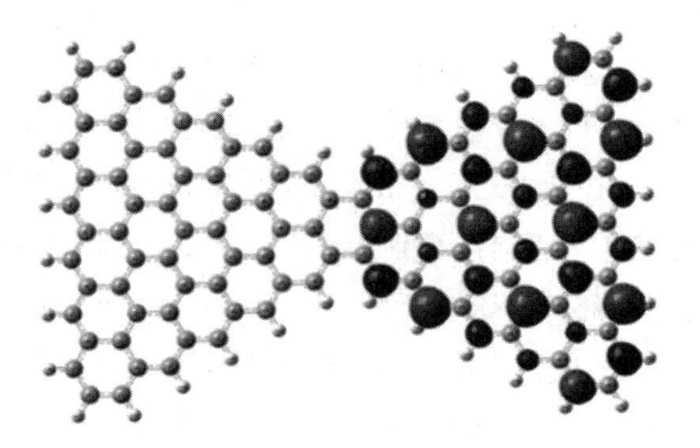

(c) 自旋向上的最低未占据分子轨道波函数分布

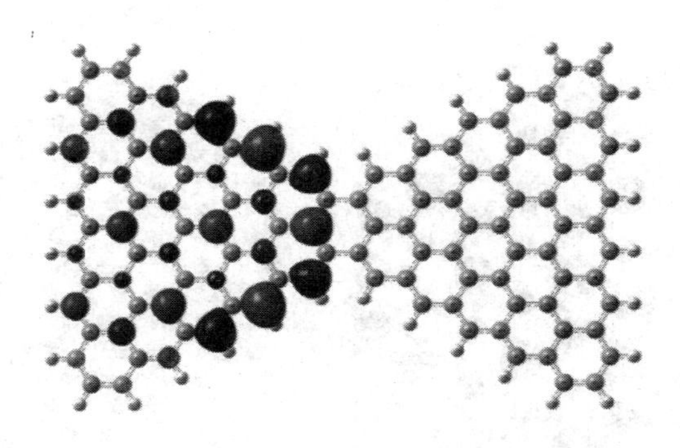

(d) 自旋向下的最低未占据分子轨道波函数分布
(计算采用自旋无限制(U) PBE/6-31G**方法)

图 3-12 领结形石墨烯纳米片 n6m1 基态波函数分布图

由以上分析可知，锯齿型边界的零维领结形石墨烯纳米片虽然没有净磁性，但却产生了很强的反铁磁磁性分布，并且产生了零能态。由于其不满足 Lieb 定理，故这里开始定量地研究对称和非对称几何构型的零维领结形石墨烯纳米片零能态与反铁磁耦合强度之间的关系。根据之前研究零能态的计算规则[24]，零能态的数目定义为 $\eta=2\alpha-N$，其中 α 是石墨烯纳米片最大非近邻格点数目，N 为总的格点数目[93]。磁耦合强度定义为铁磁(FM)和反铁磁(AFM)耦合状态之间的能量差[25]，体系在这两种磁性分布下，总能量分别为 E_{FM} 和 E_{AFM}。不同尺寸几何构型下对称和非对称锯齿型边界的领结形零维石墨烯纳米片模型产生的零能态数量和反铁磁磁耦合强度的计算结果如表 3-1 所示。对称和非对称领结形结构的零维石墨烯纳米片零能态数为 $2\times(n-m-1)$[99]。

无论对称还是非对称领结形零维石墨烯纳米片，对于相同的三角形边界尺寸 n，反铁磁耦合强度随着零能态数目的减少而降低，例如表 3-1 中对称型领结形几何结构的石墨烯纳米片，n6m1，n6m2 和 n6m3 模型的零能态数目分别为 8，6，4 时，反铁磁耦合强度分别为 245 meV、205 meV 和 165 meV；非对称型领结形几何结构的石墨烯纳米片，n4m1，n4m2 和 n4m3 模型的零能态数目分别为 4，2，0 时，反铁磁耦合强度分别为 137 meV、84 meV 和 33 meV。同理，无论对称还是非对称领结形零维石墨烯纳米片，对于相同的三角形连接尺寸 m，反铁磁耦合强度随着零能态数目的减少而降低。例如表中对称型领结形几何结构的石墨烯纳米片 n6m1，n5m1 和 n4m1 模型的零能态数目分别为

8，6，4时，反铁磁耦合强度分别为245 meV、194 meV和155 meV；非对称型领结形几何结构的石墨烯纳米片n4m2，n5m2和n6m2模型的零能态数目分别为2，4，6时，反铁磁耦合强度分别为84 meV、153 meV和210 meV。

表3-1　铁磁性和反铁磁耦合的能量差，零能态来自领结形零维石墨烯纳米片的拓扑阻挫

对称型领结结构	零能态数目	铁磁反铁磁耦合能量差/meV	非对称型领结结构	零能态数目	铁磁反铁磁耦合能量差/meV
n3m1	2	18	n3m1	2	88
n4m1	4	155	n4m1	4	137
n4m2	2	18	n4m2	2	84
—	—	—	n4m3	0	33
n5m1	6	194	n5m1	6	171
n5m2	4	127	n5m2	4	153
n5m3	2	43	n5m3	2	128
n6m1	8	245	n6m1	8	346
n6m2	6	205	n6m2	6	210
n6m3	4	165	n6m3	4	183
n7m1	10	320	n7m1	10	416
n7m2	8	260	n7m2	8	355
n7m3	6	142	n7m3	6	270
n8m1	12	264	n8m1	12	361
n8m2	10	232	n8m2	10	324
n8m3	8	122	n8m3	8	255

据此，可以基本判断：在相同的三角形边界尺寸长度或者是相同的连接宽度下，体系的反铁磁耦合强度极大地取决于零能态的产生数目，但是，不同三角形边界尺寸n和连接宽度m也可以导致相同数量的零能态数目，然而此时无法比较反铁磁耦合强度。因此，只有在三角形边界尺寸或是连接宽度相同的情况下，才可以根据体系的另一个几何结构参数判断出零能态的大小，从而判断出该零维石墨烯纳米片反铁磁磁耦合强度的大小。

为了验证上一段提出的结论，本书接下来计算并绘制了对称和非对称领结形零维石墨烯纳米片反铁磁耦合强度与几何结构尺寸参数 m 和 n 变化关系，如图 3-13 所示。出乎意料的是，当体系的三角形连接宽度尺寸确定时，反铁磁耦合强度并不是随着三角形边界尺寸 n 的增加而永远单调上升，而是在达到最大的反铁磁耦合强度后出现了衰减，并逐渐收敛。这是由于零维石墨烯纳米片的量子限域效应所致，即零维石墨烯纳米片的反铁磁耦合强度不会随着零维石墨烯纳米片尺寸的增加而无限增大。此外，三角形零维石墨烯纳米片的连接宽度越小，相同三角形边界尺寸的零维石墨烯纳米片反铁磁耦合强度越高。图 3-13 中曲线的变化趋势有两个含义：

（1）第二类受拓扑阻挫的零维石墨烯纳米片的反铁磁耦合强度可以通过拓扑阻挫引起的零能态数目来调制。

（2）量子系统中的量子限域效应导致了能级分裂，若系统尺寸增大，则量子限域效应的作用开始减弱，电子受到的边界限制作用降低，最终会导致体系的反铁磁耦合强度降低。

但在一定的量子尺寸范围内，锯齿型边界领结形零维石墨烯纳米片结构尺寸的增大，会产生更多的零能态，相应的体系反铁磁耦合强度也会增加。这就是第二类受拓扑阻挫的零维石墨烯纳米片磁性强度（即反铁磁耦合强度）和零能态的内在作用机制，即在一定的量子尺寸范围内，两者成正比的关系。

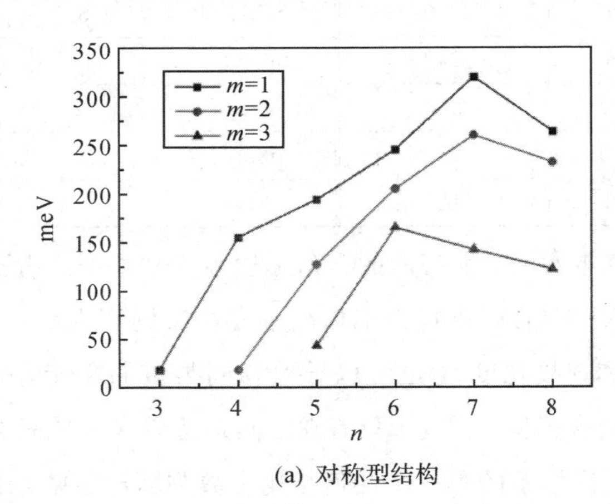

(a) 对称型结构

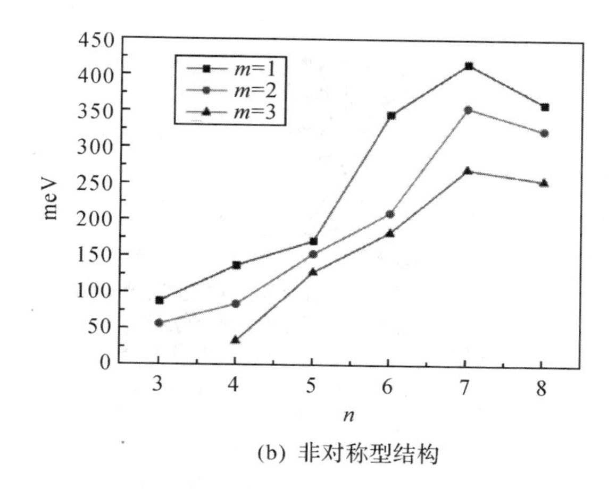

(b) 非对称型结构

图 3 - 13　在相同连接宽度下，领结形零维石墨烯纳米片反铁磁耦合强度与三角形边界尺寸、连接宽度的关系

3.4 基于领结形石墨烯纳米片的“全石墨烯”自旋电子器件

为了进一步阐明以领结形锯齿型边界零维石墨烯纳米片反铁磁耦合特性的第二类拓扑阻挫结构，进一步讨论一种以领结形零维石墨烯纳米片为基本单元构建的“全石墨烯”自旋电子器件，模型如图 3 - 14 所示。这里将二维石墨烯裁剪为锯齿型边界的零维石墨烯纳米片，主要裁剪为四个部分 A、B、C 和 D，这四个部分两两结合一共可形成三个领结形零维石墨烯纳米片结构，即 AD、BD 和 CD。为了客观性，这里的三个领结形纳米片均为不同边界尺寸的三角形纳米片构成，且为非对称几何构型。此时将区域 A 和区域 B 设置为输入，C 为标志位，D 则为输出。磁性分布中自旋向上的密度分布定义为逻辑 1，自旋向下的密度分布则可定义为逻辑 0。下面来计算此体系的电子自旋特性分布，用自旋分布特性来实现逻辑门的功能操作。

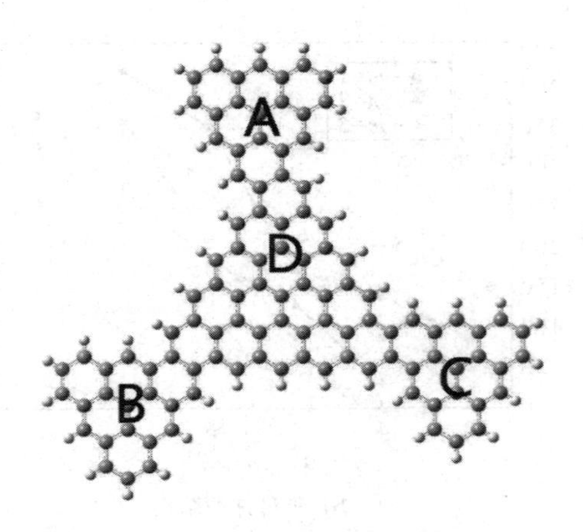

图 3-14 一种全石墨烯的逻辑门结构模型

图 3-15(a)、(b)和(c)分别为体系可能出现的自旋密度分布图，红色和蓝色依然代表电子两种不同的自旋取向。由图 3-15 的自旋密度分布可以看出，此结构下自旋密度可以有几种不同的分布。设置区域 A 和区域 B 分别为 0 和 0，C 标志位设置为 1，则输出区域$D=\overline{A\cap B}=1$，由数值 0 或 1 代表不同自旋取向的分布如图 3-15(a)所示，此时体系实现的是与非门逻辑功能。如果设置区域 A 和区域 B 分别为 1 和 1，C 标志位设置为 0，则输出区域 $D=\overline{A\cup B}=0$，实现的是或非门逻辑功能，如图 3-15(b)所示。而对于图 3-15(c)，则是设置区域 A 和区域 B 分别为 1 和 1，C 标志位设置为 1，则输出区域 $D=\overline{A\cap B}=0$，实现的也是与非门逻辑功能。

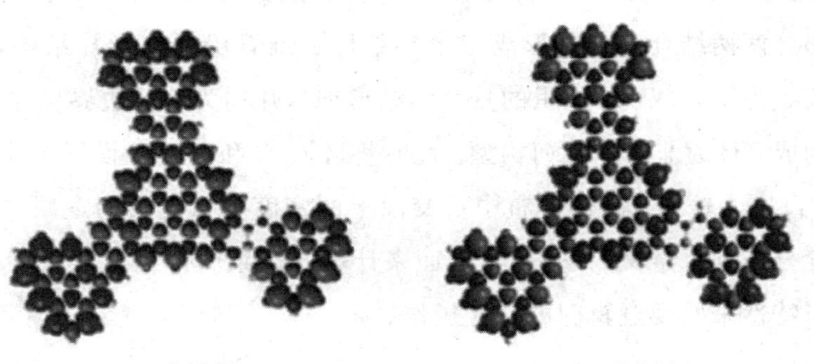

(a) 与非门　　　　(b) 或非门

(c) 与非门

图 3-15　一种全石墨烯的逻辑门结构的自旋密度分布图

以上实现的逻辑关系功能都是由领结形锯齿型边界的零维石墨烯纳米片单元结合所致，即实现了一种典型的布尔逻辑功能，它通过操控自旋自由度实现了具有逻辑功能的“全石墨烯”自旋电子器件，而非传统意义上的使用电荷属性的纳电子功能器件。此几何构型的体系通过第一性原理的仿真计算，上述三种体系的反铁磁耦合强度均超过了 18 meV，由此前研究可知，该结构均可以保持可编程逻辑门的电子自旋性能[100]。表 3-2 为上述几何结构的零维石墨烯纳米片三端逻辑门的真值表，在此表中列举了输入和可能输出的所有逻辑组合。此外，此结构的可实现逻辑操作功能的“全石墨烯”自旋电子器件可以使用不同的三角形尺寸单元进行组合设计，三角形之间所形成的领结形零维石墨烯纳米片可以是对称结构，也可以是不对称的。

表 3-2　三端逻辑门的真值表

逻 辑 门	A	B	C	D
或非门(NOR)	0	0	0	1
或非门(NOR)	0	1	0	0
或非门(NOR)	1	0	0	0
或非门(NOR)	1	1	0	0
与非门(NAND)	0	0	1	1
与非门(NAND)	0	1	1	1
与非门(NAND)	1	0	1	1
与非门(NAND)	1	1	1	0

3.5 小　结

根据零维石墨烯纳米片两个子晶格是一个受阻挫还是两个子晶格同时都受阻挫，将零维石墨烯纳米片分为了两类进行研究。第一类，只有一个子晶格受阻挫时，典型的锯齿型边界石墨烯纳米片结构为三角形、正六边形、菱形和矩形。其中，只有三角形零维石墨烯纳米片的总磁矩不为零，这时的体系磁性呈铁磁性分布，零能态不为零；其余典型结构的零维石墨烯纳米片总磁矩均为零，磁性呈反铁磁性分布，零能态也为零。而对于第二类零维石墨烯纳米片，锯齿型边界领结形零维石墨烯纳米片的两个子晶格都受阻挫，这时纳米片的总磁矩为零，石墨烯纳米片磁性呈反铁磁性分布，但此时零能态的数目却不为零。本章的研究结果表明，在一定的量子限域效应下，对称和非对称领结形零维石墨烯纳米片的反铁磁耦合强度均表现出很强的零能态定向行为，这对设计出具有预定磁性及强度的石墨烯自旋电子器件具有一定的理论指导意义。本章最后，设计了一个由锯齿型边界的不对称领结形零维石墨烯纳米片单元组成的"全石墨烯"自旋电子器件的具体例子。此自旋电子器件通过三个领结形零维石墨烯纳米片的结合，实现了或非门和与非门的逻辑功能。

综上，锯齿型边界的零维石墨烯纳米片对体系的几何构型、尺寸、形状极其敏感，尤其是锯齿型边界产生很强的自旋密度会对体系的磁性分布产生重要影响。本章的研究结果不仅探索了影响零维石墨烯纳米片磁性耦合强度的内在机制，而且对设计出具有逻辑功能的"全石墨烯"的自旋电子器件提供了新的思路。

第 3 章图

第4章　基于零维石墨烯纳米片的自旋传感

4.1 引　言

当今，先进的自旋电子器件对纳米材料的磁学性质提出了更高的要求，即需具有稳定的且规则分布的自旋磁矩，且能够实现在较为简单的外界环境下对其电学磁学性质进行调控操作。考虑到石墨烯非零磁矩的出现十分依赖于其几何拓扑结构，故而在第3章中，系统地研究了不同形状锯齿型边界零维石墨烯纳米片的基态电子自旋性质。研究结果显示，第一类拓扑阻挫的代表性几何构型三角形、正六边形、矩形、菱形，以及第二类拓扑阻挫的代表性几何构型锯齿型边界的领结形零维石墨烯纳米片均可以产生有序的铁磁或反铁磁磁序，锯齿型边界上的碳原子有较大的自旋密度分布，但此时两种不同取向的自旋电子具有简并的能量(能量相同)，如何打破这种基态电子分布的对称性，使得自旋的电子不再简并，并使电子产生自旋极化现象，最终实现电场效应下的自旋传感，是本章要重点讨论的问题。

近年来，半金属材料由于拥有很大的自旋极化率，受到了科学家们的广泛关注[101]。这类材料中电子自旋不再是简并的状态：自旋向上(或自旋向下)的电子能级与费米能级之间存在一个间隙，表现出半导体性；自旋向下(或自旋向上)的电子能级则穿过费米能级，表现出金属性。这样，载流子理论上可以达到100%的自旋极化率，即电子的自旋发生了极化现象。具有这种性质的材料就可以通过能带调控实现较大的自旋过滤。因此，可以被应用于自旋传感器件当中。

研究表明，电场效应可以使石墨烯的电子产生自旋极化现象。Son 课题组在 2006 年基于第一性原理的计算表明[9]，一维锯齿型边界石墨烯纳米带的两个锯齿型边界在基态下存在边界磁性，即同一边界为自旋同向的自旋分布(即铁磁性排列)，两个边界之间为自旋相反的自旋分布取向(即反铁磁性排列)，如图 4-1 的红色和蓝色两种不同的自旋密度分布。此外，在外加横向电场下，金属性的一维锯齿型边界石墨烯纳米带可被调制为具有半金属性质的材料，产生自旋极化的现象。这样，一维石墨烯纳米带就实现了自旋极化的电子输运，产生了自旋过滤现象，从而可被用作自旋阀器件或自旋注入器件。另外，半金属的能带结构可用来实现自旋极化的电流，即自旋向上的电子是金属性的，电流可以通过；自旋向下的电子为半导体性或是绝缘性，电流无法通过，或反之。因此，半金属性对石墨烯纳米结构实现自旋极化的电流有深入的指导意义。

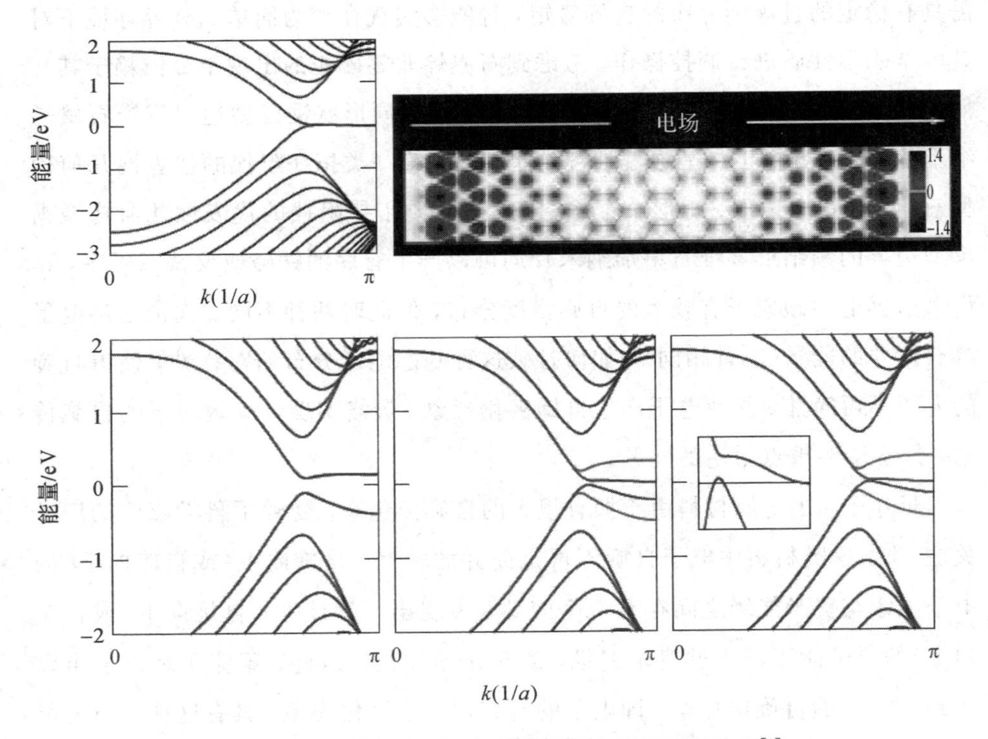

图 4-1　一维锯齿型石墨烯纳米带电子能带结构图[9]

此外，除了通过外加电场调节石墨烯材料的电子自旋极化性质外，磁场也可对锯齿型石墨烯纳米带的基态自旋极化性质进行有效调制，使石墨烯纳米结构产生很大的巨磁阻效应[60]。另外，实验上也实现了将自旋电流从铁磁性金属注入石墨烯中[61-62]。

本章将采用第一性原理的密度泛函理论(DFT)来研究两类受阻挫的代表性几何构型零维石墨烯纳米片在外电场下基态电子自旋性质的表现，重点研究第二类受阻挫的零维石墨烯纳米片在拓扑阻挫下自旋相关带隙与电场强度的关系，并探讨产生的零能态与外加电场对体系自旋极化性质的内在影响机制。

本章中所有构型的几何优化计算均是基于第一性原理下的 Gaussian 软件包进行计算的。仿真采用广义梯度近似(GGA)方法中的 Perdew - Burke - Ernzerh (PBE)和杂化密度近似泛函(HDA)中的 Heyd - Scuseria - Ernzerhof (HSE06)[88, 102]，在 6-31G ** 水平下的高斯基组进行理论仿真计算。模型优化前，所有碳原子之间的初始键长设为 1.42 Å。

由于研究对象是体系的电子自旋属性，所以本章中反铁磁性耦合仿真采用非限制性开壳层(unrestricted)的方法进行计算，磁性耦合仿真则采用限制性闭壳层(restricted)的方法进行计算。其中，对锯齿型边界的领结形零维石墨烯纳米片(bowtie - shape GNF)模型基态的非限制性开壳层结构优化计算并不是对模型直接优化得到。因为此时体系具有相同数量的自旋向上和自旋向下的电子，这些电子需要被打破自旋对称，而单单使用非限制性开壳层计算的方法则会导致体系拥有更高的能量，从而不符合基态能量最低原则。因此，这里首先采用片段分子轨道法得到初始自旋破缺猜测的波函数[94-97]，然后再利用已经被破坏自旋对称的初始波函数得到对称和非对称领结形零维石墨烯纳米片的净自旋单线态基态，最后在面内施加电场来研究电场效应对零维石墨烯纳米片的电学、磁学性质表现。所研究的模型中，N 是边界出现的苯环数量，边界不饱和的碳原子由氢原子进行了饱和处理。

4.2 第一类石墨烯纳米片自旋极化的电场调控

当二维石墨烯被切割为零维的石墨烯纳米片(GNF 量子片)时，根据石墨烯两个子晶格是其中一个受阻挫还是两个子晶格都受阻挫，零维石墨烯纳米片被分为两类。先考虑第一类，即只有一个子晶格受阻挫的情况。这时的石墨烯纳米片最大的非近邻格点数量只涉及一个子晶格 A 或 B。此时，Lieb 定理适用。下面分析以矩形几何构型为代表的第一类零维石墨烯纳米片在外电场下的电学、磁学性质表现。

锯齿型边界的矩形零维石墨烯纳米片，外加横向电场的模型如图 4-2 所示，箭头所示方向为外加面内电场方向。此模型碳原子的 A、B 子晶格数相同，即 $N_A = N_B$，此时的零能态为

$$\eta = 2\alpha - N = 0$$

净磁矩为

$$S = \frac{|N_A - N_B|}{2} = 0$$

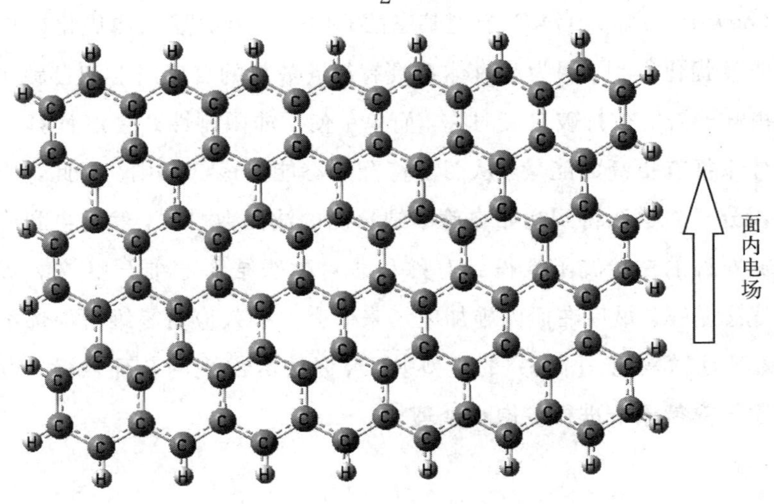

图 4-2　锯齿型矩形零维石墨烯纳米片置于面内电场下的模型示意图

由第 3 章可知其自旋密度分布为两个锯齿型边界之间呈反铁磁性分布，同一个锯齿型边界的碳原子呈铁磁性分布，且磁性强度随边界碳原子向片内逐渐递减。Rice 大学早在 2008 年就对此模型在外电场下的自旋电子特性做过深入研究，在临界电场强度下，体系均出现了半金属特性，如图 4－3 所示[63]。因此，外电场是可以使锯齿型边界的矩形零维石墨烯纳米片产生电子自旋极化现象的。此模型学者研究较多，读者可参阅有关文献，这里不再赘述。

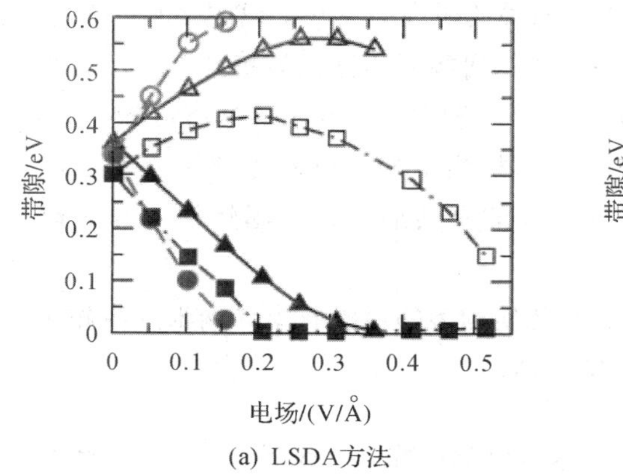

(a) LSDA方法

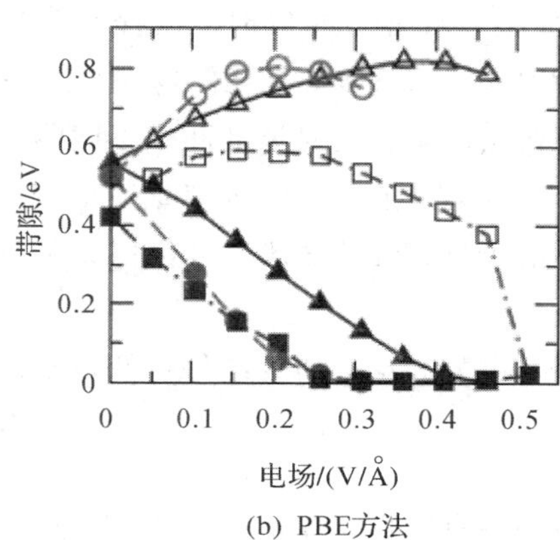

(b) PBE方法

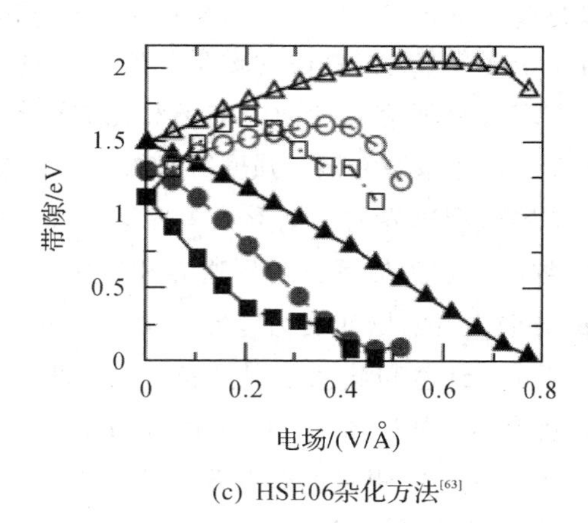

(c) HSE06杂化方法[63]

图 4－3　矩形零维石墨烯纳米片自旋相关带隙随电场变化图

4.3 第二类石墨烯纳米片自旋极化的电场调控

对于第一类情况的零维石墨烯纳米片电子特性在电场下的表现，相关学者研究的较多。而对于第二类的情况，即二维石墨烯被裁剪成零维石墨烯纳米片，且两个子晶格同时受阻挫的情况，相关的研究非常少。以领结形零维石墨烯纳米片为代表，其几何构型与第一类的几何构型相比较为特殊，最大的非近邻格点数量会同时涉及两个不同的子晶格 A 和 B。由第 3 章分析可知，此时，Lieb 定理不再适用。本节重点研究此几何构型下的零维石墨烯纳米片在电场下电子自旋性质表现，且仍以锯齿型边界的领结形零维石墨烯纳米片为研究对象。

由第 3 章的研究结果可知，虽然此几何构型的零维石墨烯纳米片净磁矩为

$$S=\frac{|N_A-N_B|}{2}=0$$

但是零能态的数目 $\eta=2\alpha-N$ 不为零。这也就意味着此结构下的零维石墨烯纳米片虽然总磁矩为零，但此时石墨烯纳米片的两个子晶格 A 和 B 可以分别产生两个零能态。为了满足自旋多重度为 1 的基态要求，这两个零能态的电子自旋必然要反向，故此结构自旋密度分布为反铁磁性磁序分布(AFM)。下面采用第一性原理中的密度泛函理论(DFT)来研究外加面内电场对此类型零维石墨烯纳米片的影响，并重点讨论零能态对体系磁性耦合强度所起的重要作用。

图 4-4(a)为零维锯齿型边界的领结形石墨烯纳米片的 n4m1 模型，同第 3 章分析，m 和 n 后的数值分别为体系三角形边界和连接处苯环的数量，箭头方向为面内施加电场的方向。当电场强度为零时，模型 n4m1 的基态电子自旋密度分布如图 4-4(b)所示，红色和蓝色分别代表碳原子两个不同的子晶格 A 和 B 不同自旋取向的自旋密度。从图 4-4(b)中可以清晰地看到，纳米片左侧三角形以红色的自旋密度为主，右侧三角形以蓝色的自旋密度分布为主，且左右两侧呈对称性分布，体系的自旋密度均由边界碳原子向片内碳原子递减。因此，这里 n4m1 的自旋密度产生了极化现象，体系的磁序呈反铁磁性分布，总的子晶格极化为零。

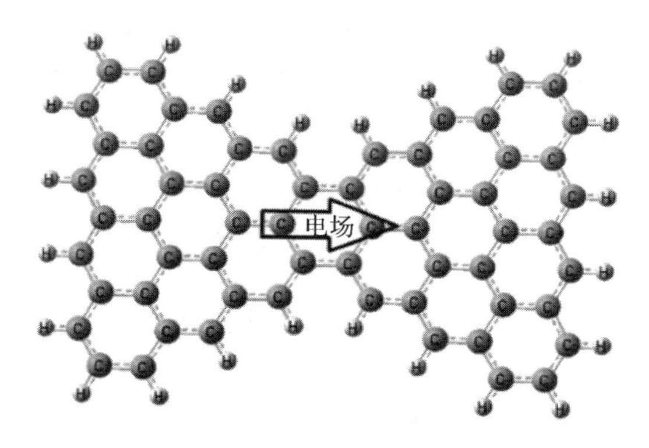

(a) 锯齿型边界的领结形石墨烯纳米片外加横向面内电场示意图

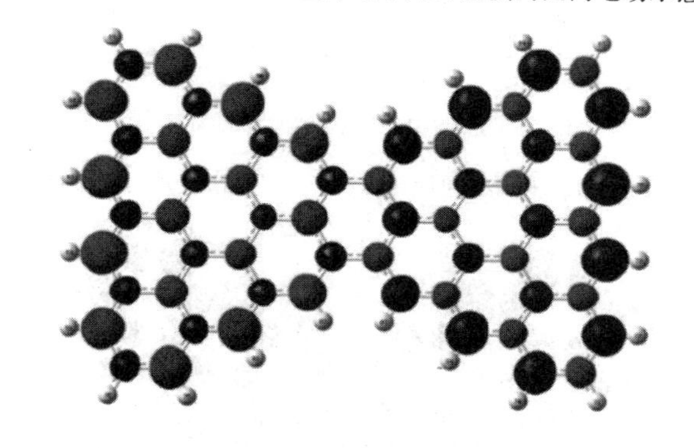

(b) 模型n4m1的自旋密度分布图

图 4-4　锯齿型边界领结形石墨烯纳米片自旋极化性质研究

首先研究在外加面内电场下，锯齿型边界领结形零维石墨烯纳米片模型 n4m1 电学性质的变化。仍使用符号 α 表示自旋向上；β 表示自旋向下。自旋极化的最高已占据分子轨道(HOMO)和最低未占据分子轨道(LUMO)的能量差与施加电场强度的关系如图 4-5(a)中的蓝线所示。可以清晰地看到，当电场强度为零时，α 和 β 的带隙是简并的，均为 1.5 eV。随着面内横向电场强度的增大，这时自旋简并的带隙发生了分裂：自旋向上的带隙随着电场强度的增加开始减小；自旋向下的带隙随着电场强度的增加逐渐增大，并最终趋于平稳。当电场强度为 0.26 V/Å 时，自旋向上的带隙值减小到 0，而自旋向下的电子带隙不为零，锯齿型边界的领结形零维石墨烯纳米片在此时被调制成了半金属状态，即一种自旋取向的电子显金属性；另一种自旋取向的电子呈半导体性。

引发此半金属性的电场强度称为临界电场强度。此时，虽然简并的自旋带隙值可被外电场打破，但是整体的晶格极化仍然为零，即两种不同子晶格处的自旋密度仍然相等。

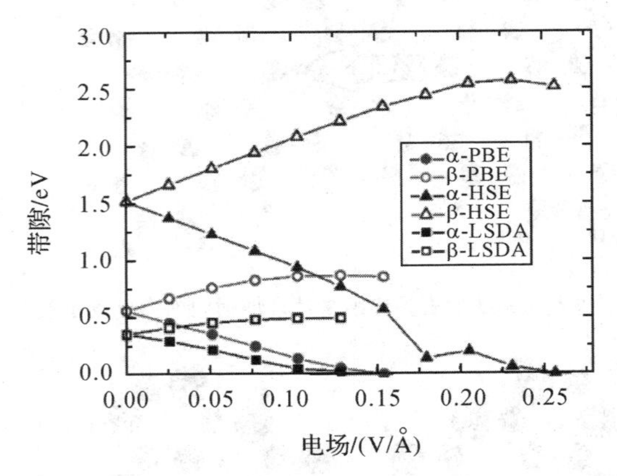

(a) 模型n4m1在电场下采用不同计算方法(PBE、HSE06和LSDA)的带隙变化图

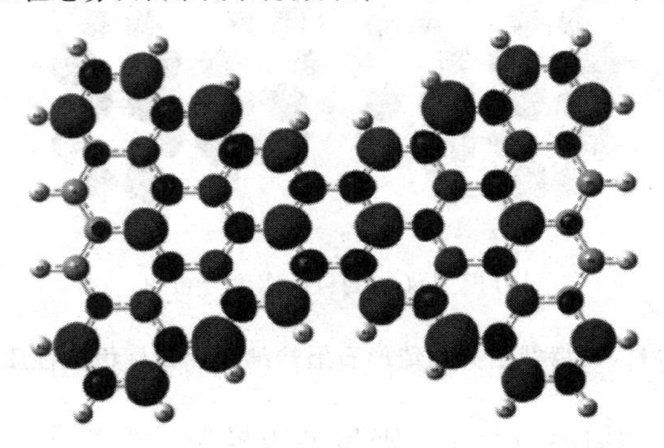

(b) 在超过临界电场强度时石墨烯纳米片的自旋密度分布图

图 4-5 模型 n4m1 自旋极化性质研究

如果进一步增大面内电场强度，当施加的面内电场强度超过临界电场强度时，自旋密度在构成领结形零维石墨烯纳米片的两个三角形石墨烯纳米片间发生了转移，如图 4-5(b)所示。从图中可以看到，此时的自旋密度分布中，红色和蓝色的数目不再相等，自旋密度也不再一样。此时，两个子晶格自旋极化的状态被打破，总的子晶格自旋极化不为零。

从以上分析可以得知，锯齿型边界的零维领结形石墨烯纳米片简并的半导体基态可以被外加电场打破，不同取向的自旋电子不再具有简并的能量，电子产生自旋极化现象。锯齿型边界的领结形零维石墨烯纳米片可以被应用为具有反铁磁耦合基态的自旋选择性半导体。

为了显示研究方法的客观性，模型 n4m1 又分别使用了局域密度近似(LDA)中的 LSDA 和广义梯度近似(GGA)中的 PBE 两个函数进行了再次计算。计算结果如图 4-5(a)所示，三种不同函数计算下，体系的电子自旋特性都表现出了相同的计算结果趋势，不同的只是临界电场强度的大小。外加面内电场均可以使锯齿型边界的零维领结形石墨烯纳米片从半导体状态调节为半金属状态。

接下来，使用自旋非限制性方法(spin-unrestricted UHSE / 6-31G **)来研究各种不同的结构参数 m 和 n 下锯齿型边界的零维领结形石墨烯纳米片在电场下的电学特性表现。首先讨论体系三角形边界尺寸相同的情况。当三角形的边界尺寸为 $n=5$ 时，对于模型 n5m1，n5m2 和 n5m3，同上述的模型 n4m1 讨论，在外加面内电场强度为零的情况下，自旋向上和自旋向下的带隙值仍然是简并的状态，如图 4-6(a)所示。随着电场强度的增加，简并的带隙发生劈裂，两个不同自旋取向的带隙值不再相等。从图中可见，对于模型 n5m1，n5m2 和 n5m3，在电场强度为分别 0.21 V/Å，0.29 V/Å 和 0.52 V/Å 时，自旋向上的带隙值减小到零，自旋向下的带隙不为零，此时体系出现了半金属性的状态，即不同的连接宽度会影响纳米片自旋相关的带隙值。另一方面，当三角形间的连接宽度相同时($m=1$ 时)，如图 4-6(b)所示，对于模型 n3m1，n4m1 和 n5m1，在电场强度为分别 0.49 V/Å，0.26 V/Å 和 0.21 V/Å 时，自旋向上的带隙值减小到零，自旋向下的带隙值不为零，体系同样可出现半金属性的状态，即不同的三角形边界尺寸也会影响纳米片自旋相关的带隙值。

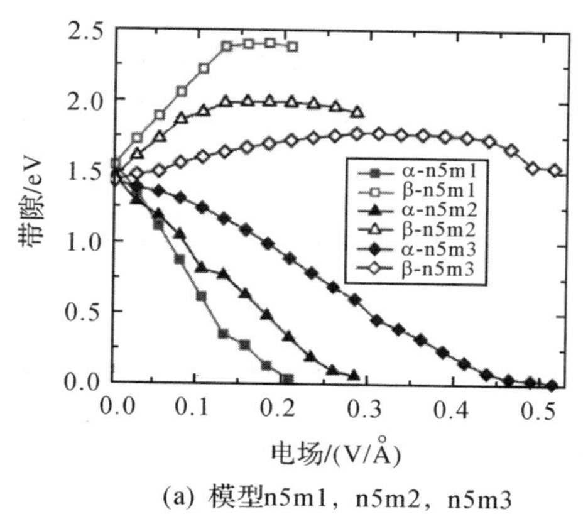

(a) 模型n5m1，n5m2，n5m3

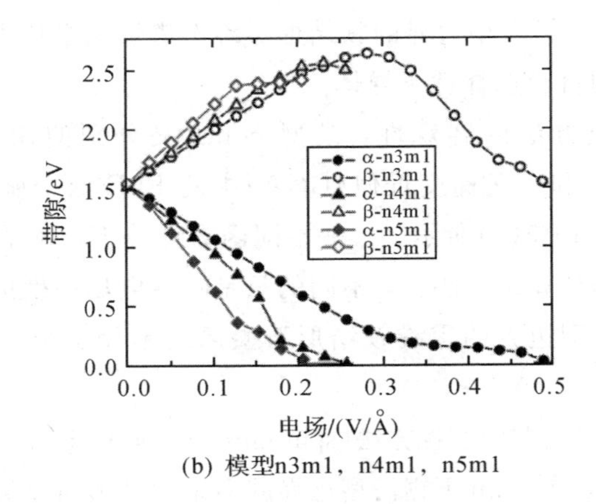

(b) 模型n3m1，n4m1，n5m1

图 4-6 自旋相关带隙对电场的变化示意图

此外，这里还研究了不同的结构参数对临界电场强度的影响规律，如图 4-7 所示，对于确定的三角形边界尺寸 $n=5$，此时的临界电场强度随着连接尺寸 m 的增大而单调递增(图 4-7 中蓝色曲线所示)；对于确定的连接尺寸$m=1$，临界电场强度随着三角形尺寸 n 的增加而单调下降(图 4-7 中红色曲线所示)。

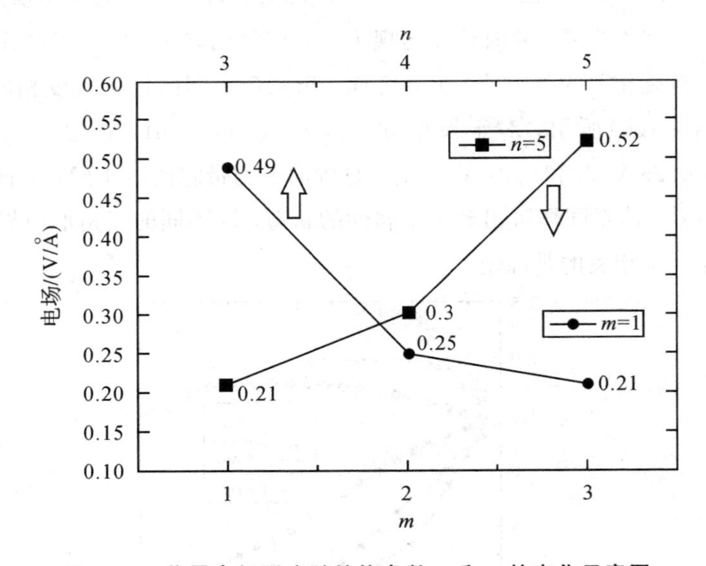

图 4-7 临界电场强度随结构参数 m 和 n 的变化示意图

再下来，本节将从本质上分析结构参数调节电子自旋极化性质的内在机制。由之前的讨论，锯齿型边界领结形零维石墨烯纳米片的零能态数目为 $2\times(n-m-1)$。对于不同的模型，零能态的数目和临界电场强度的大小如表4-1所示。表4-1显示，对于相同的零能态数目，无论结构参数 m 和 n 是多少，引发零维石墨烯纳米片半金属性的临界电场强度极其接近。

表4-1　临界电场强度和零能态的关系

锯齿型边界领结形石墨烯纳米片	零能态数目	临界电场 / (V/Å)
n3m1	2	0.49
n5m3	2	0.52
n4m1	4	0.25
n5m2	4	0.3
n5m1	6	0.21

例如，对于零能态为2的情况，模型n3m1和n5m3的临界电场强度分别为0.49 V/Å和0.52 V /Å。对于零能态为4的情况，模型n4m1和n5m2的临界电场强度分别为0.25 V/Å和0.3 V/Å。由此可以得出重要结论：零能态的数量才是决定临界电场强度的根本因素，而不是表面的结构尺寸 m 和 n。但纳米片结构的参数 m 和 n 是可以计算出体系产生零能态的数目的。故体系被调制成半金属性状态所需的临界电场强度越小，电子自旋极化性质的调节效率越高，即体系产生的零能态数量越大，调节自旋相关半导体性质的效率越高。

在提出零能态才是零维石墨烯纳米片中电子自旋极化特性调节的关键因素以后，这里从另一个角度来看电场对零维石墨烯纳米片中电子运动的影响。图4-8为在外加电场下，锯齿型边界领结形零维石墨烯纳米片静电势的变化。从图中可以清楚地看到，当外电场强度为零时，零维石墨烯纳米片上的静电势基本上处处相等。随着电场强度的增大，右侧三角形的静电势沿着电场施加的方向开始变小，就是图4-8中纳米片的颜色逐渐变红；而左侧三角形纳米片的静电势则变大，即颜色逐渐变蓝。这就意味着在电场作用下，右侧三角形零维石墨烯纳米片中电子开始出现了离域的趋势，而左侧的三角形中的电子则出现了定域的特性，即电场对零维石墨烯纳米片中的电子产生了很大的影响，这也印证了石墨烯材料具有较弱的自旋轨道耦合特性。

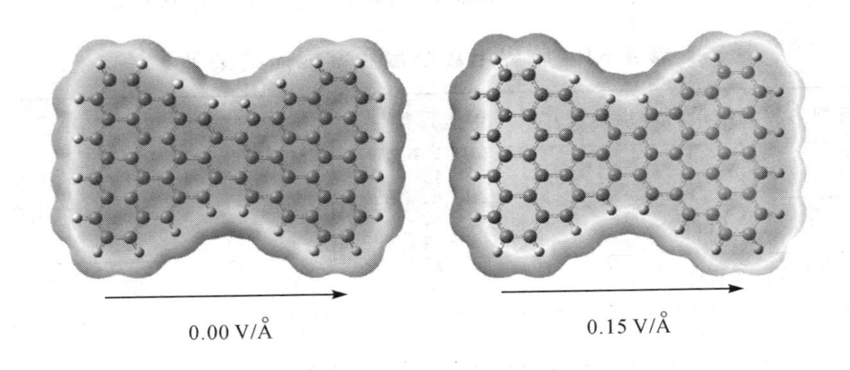

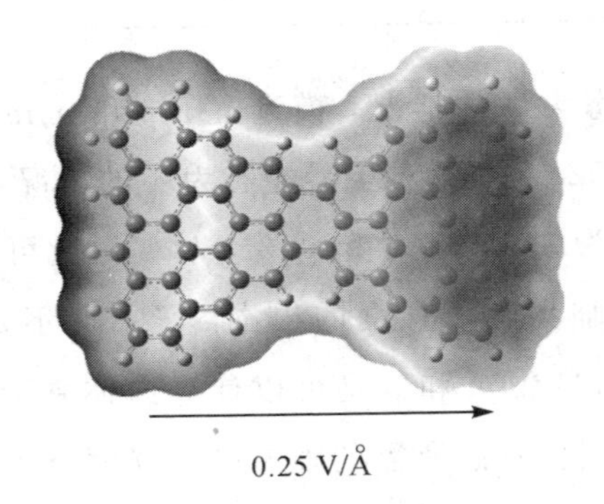

图 4-8　在外电场下领结形零维石墨烯纳米片静电势的变化图(箭头表示外加电场方向)

最后，从前线分子轨道理论中波函数分布的角度来分析电场对电子密度的影响。如图 4-9 所示，当外加电场为零时，自旋向上与自旋向下的最高占据分子轨道(α and β HOMO)波函数的分布呈对称性分布，且完全分布于一个三角形纳米片中。当外加电场强度为 0.15 V/Å 时，自旋向上的最高占据分子轨道和最低未占据分子轨道(α HOMO and LUMO)的波函数有了离域的趋势；而自旋向下的最高占据分子轨道和最低未占据分子轨道(β HOMO and LUMO)的波函数则开始变为定域状态。当电场强度增大到 0.25 V/Å 时，自旋向上的最高占据分子轨道和最低未占据分子轨道(α HOMO and LUMO)的波函数变得更加具有离域特性，从图4-9(a)中可见，波函数已经开始分布在两个三角形纳米片上；而图4-9(b)中自旋向下的波函数分布仍然是定域状态，即完全分布在一个三角形纳米片上，而不是整片的纳米片中。因此，随着电场强度的增加，对于自旋向上的电子来说，最高占据分子轨道和最低未占据分子轨道(α HOMO and LUMO)的波函数呈离域分布特性，导致了分子轨道能量的减小；而对于自旋向下的电子，最高占据分子轨道和最低未占据分子轨道(β HOMO and LUMO)的波函数呈定域分布特性，使得分子轨道能量基本未变。因此，在外加电场下，自旋向下的电子带隙值随着电场强度的增大而减小，自旋向上的电子带隙随着电场强度的增大而缓慢增大。这与本书之前的数值型分析结果相符。

综上所述，外加面内电场可以改变零维石墨烯纳米片电子自旋相关的电学、磁学性质，其内在作用机制就是对自旋分子轨道能量的操控，自旋相关的带隙可以从分子轨道波函数的离域和定域性来作讨论分析。

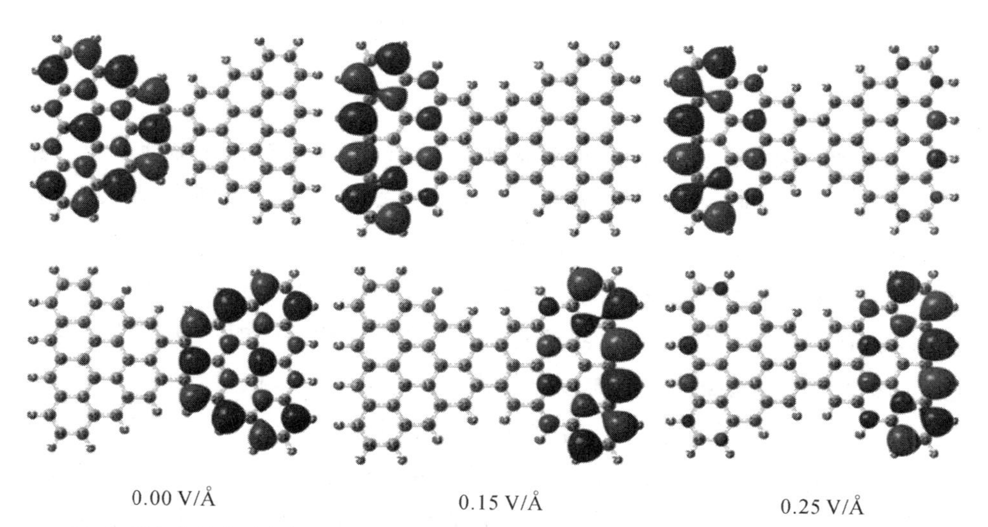

(a) 自旋向上的电子在电场下最高占据分子轨道和最低未占据分子轨道的波函数分布图

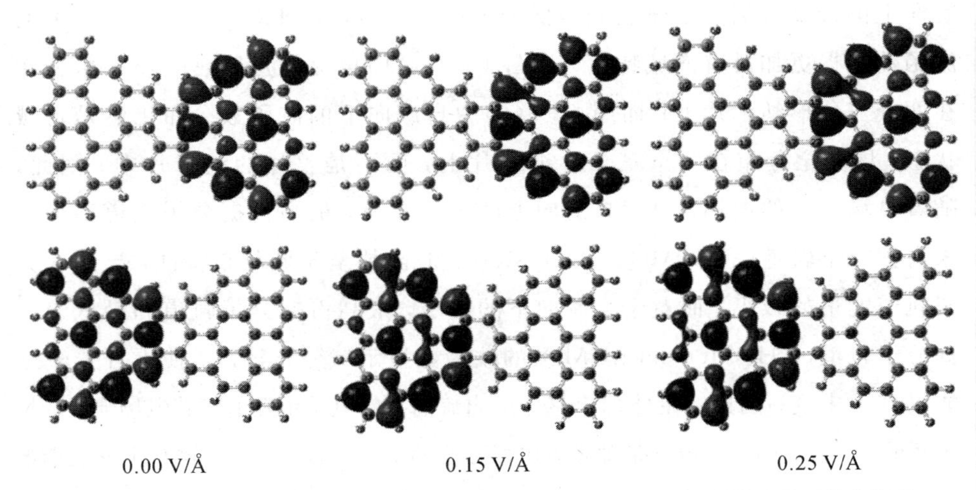

(b) 自旋向下的电子在电场下最高占据分子轨道和最低未占据分子轨道的波函数分布图

图 4-9 领结形石墨烯纳米片在外电场下前线分子轨道波函数分布图

4.4 小 结

本章通过第一性原理的密度泛函理论(DFT)方法，系统详细地研究了第二类受拓扑阻挫的石墨烯纳米片典型模型——锯齿型边界零维领结形石墨烯纳米片在电场下的电学、磁学特性。研究结果表明，零维石墨烯纳米片由于量子限域效应产生的零能态对电场调制体系电子自旋极化效应起到了根本性的作用，即体系产生的零能态数目越大，电子自旋极化特性对电场的响应越敏感，即电场调控效率越高，自旋极化传感特性对电场响应程度越强。这就为设计出电场调控石墨烯自旋传感器件提供了理论指导。

综上所述，零维石墨烯纳米片由于量子限域效应，锯齿型边界产生的边界态对电场效应非常敏感，使得电场可以有效地调控零维石墨烯纳米片电子自旋极化性质。本章的研究结果不仅探索了零维石墨烯纳米片电学、磁学性质的内在调控机制，同时也证明了低维石墨烯材料是一种良好的场致效应传感材料。

第 4 章图

第5章 基于双层石墨烯纳米片的自旋传感

5.1 引 言

相比单层石墨烯复杂的制备过程，自然界中普遍存在的是多层叠加的石墨烯，其中最常见的为双层石墨烯结构。双层石墨烯可以被近似为一个单层石墨烯以另一个单层石墨烯为衬底的结构。垂直的碳-碳键是一个相对较弱的范德华力键，其较弱的层间作用可最大程度地保持石墨烯的二维半导体材料独特的物理特性，而层内碳-碳键会形成具有很强作用的σ键，以此来保证二维平面结构的稳定性[103]。研究表明，双层石墨烯能带结构的色散关系在狄拉克点处已不再是像单层石墨烯那样的线性关系，如图 5-1(a)所示，而是呈抛物线结构，如图 5-1(b)所示。双层石墨烯中的电子也不再是有效质量为零的狄拉克费米子，且费米能级附近电子的密度相对较大，因此，双层石墨烯中的电子可以在外部电场的作用下快速地移动。

双层石墨烯独特的能带结构带来了不同于单层石墨烯的物理性质，双层石墨烯作为能隙为零的半导体材料，仍然具有较高的载流子迁移率，电子输运性质也较为突出。已有大量研究表明，在垂直于双层石墨烯的平面中施加电场，可以打破双层石墨烯的空间反演对称性，使得双层石墨烯的带隙被打开，如图 5-1(c)所示。甚至在双栅双压的情况下，双层石墨烯也可以实现带隙的有效调制[39, 104-107]。实验上，借助于红外光谱，也已经实现了双层石墨烯能隙的大小在外电场调节下的测量[39, 107]。除了外电场调制方式，最近美国麻省理工学院和日本国立材料科学研究所合作，报道了当两个石墨烯片扭转垂直叠放，扭转角度在“魔角”时，由于层间强烈的耦合作用，产生了一种全新的电子态——超导态。扭曲的双层石墨烯中垂直堆叠的原子区域会形成窄的电子能带，产生非导电的 Mott 绝缘态[108-109]。这种扭曲的双层石墨烯产生的独特性质也为无磁场作用下二维多体量子限域效应的研究开启了新的研究方向。

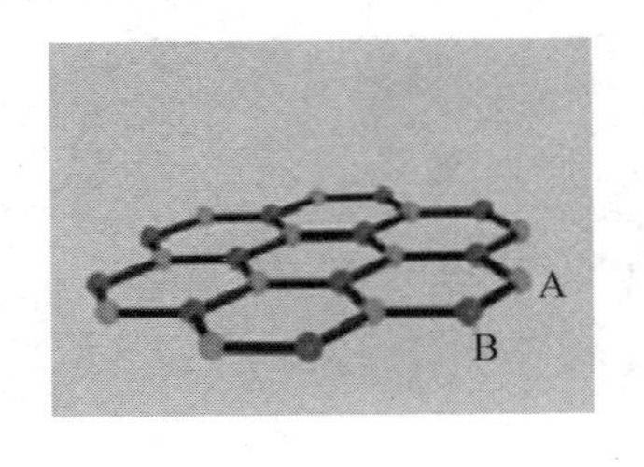

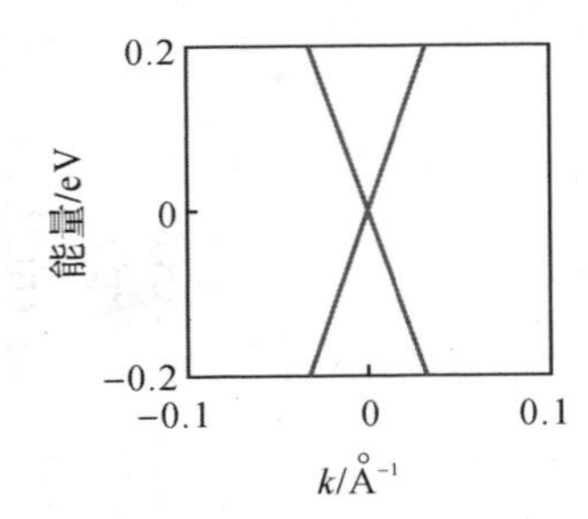

(a) 单层石墨烯子晶格及能带结构图

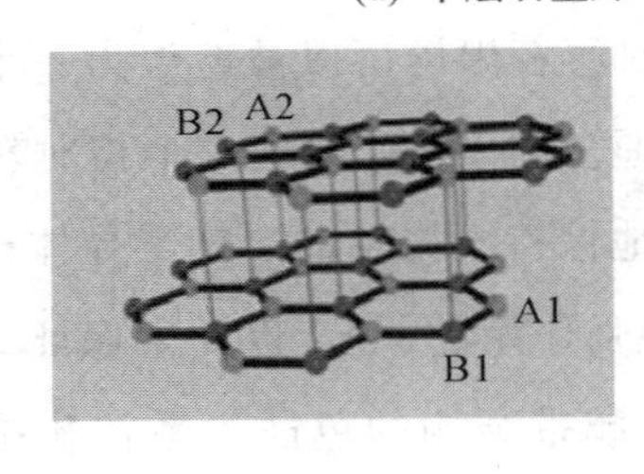

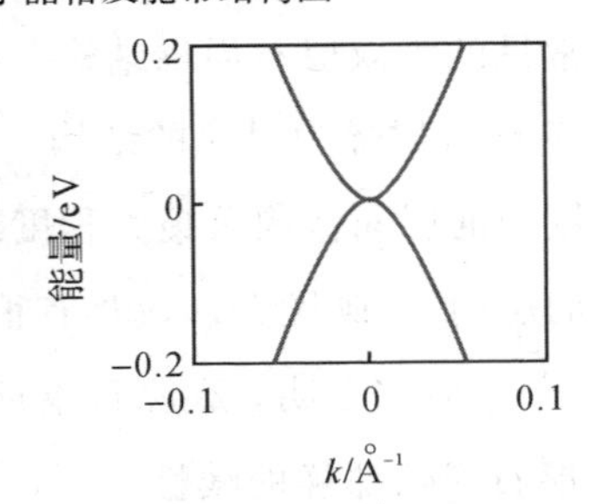

(b) 双层A-B堆垛石墨烯子晶格及能带结构图

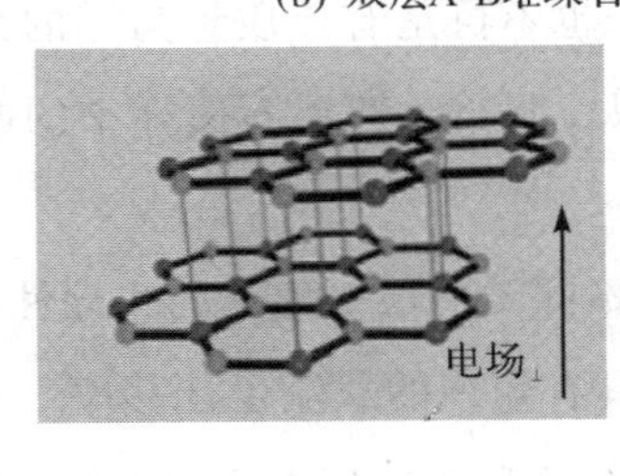

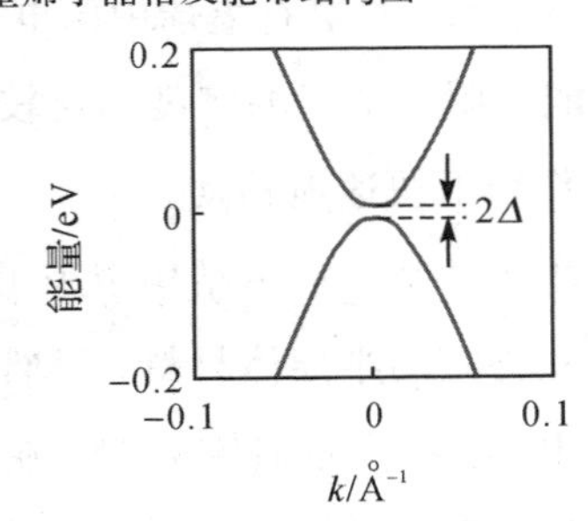

(c) 双层A-B堆垛石墨烯子晶格及在电场下的能带结构图

图 5－1 单双层石墨烯结构及能带示意图[106]

综上，双层石墨烯可以表现出与单层石墨烯不一样的能带结构。因此，二者具有不同的应用范围。了解并研究双层石墨烯的电子结构和自旋特性是实现其在自旋电子器件中应用的保证。当双层石墨烯被裁剪为纳米片时，边界效应、量子限域效应和层间耦合效应的作用更加凸显，带来和单层石墨烯纳米片不一样的性质特征。在本章中，仍然采用第一性原理的计算方法来研究双层石墨烯纳米片基态的电学、磁学性质表现，并分别研究量子限域效应、电场效应及扭转角度对双层石墨烯纳米片基态电子自旋极化性质的调控影响。

由于自然界中的多层石墨烯是A-B堆叠的方式(也称Bernal堆叠，在A-B堆叠方式中，上层碳原子的子晶格A与下层碳原子的子晶格B垂直重合)，因此，本章中双层石墨烯模型均采用A-B堆叠方式。由前几章分析可知，锯齿型边界可导致产生磁性分布重要的边界态。又由于锯齿型边界的三角形零维石墨烯纳米片净磁矩不为零，即锯齿型边界的三角形零维石墨烯纳米片显磁性，其在石墨烯自旋电子学中被应用的潜力最大，因此，本章的主要研究对象是三角形锯齿型边界的双层石墨烯纳米片(Triangular Zigzag-edged Bilayer Graphene Nanoflakes，TZBGNF)。根据上下两层零维三角形石墨烯纳米片的尺寸，双层三角形石墨烯纳米片可分为两类：第一类上下两层三角形石墨烯纳米片的尺寸相同，即对称形式，如图5-2(a)和(b)所示；第二类上下两层三角形石墨烯纳米片的尺寸不同，即非对称形式，如图5-2(c)和(d)所示。取结构参数m和n分别代表上下层三角形零维石墨烯纳米片边界苯环的数量，即图5-2分别为m3n3和m3n6模型。由于自然界中双层石墨烯层间距为3.35 Å，故本章搭建的双层石墨烯纳米片模型结构层间距设定为3.35 Å，边界碳原子仍然用氢原子进行饱和处理。

本章所有的几何优化计算均是基于第一性原理下的Gaussian软件包进行。泛函采用杂化密度泛函近似(HDA)方法中的Perdew - Burke - Ernzerh0(PBE0)函数，并采用6-31G ** 水平下的高斯基组进行理论仿真计算。优化计算前所有碳原子之间的初始键长均设为1.42 Å，并采用非限制性开壳层方法(unrestricted)。此外，双层石墨烯结构两层间由于电子的π-π堆积，层间表现为较弱的范德华力相互作用，而密度泛函理论(DFT)未能有效处理范德华力中的色散力，因此这里对其做了GD3BJ (Grimme's Dispersion with Becke - Johnson damping)色散校正[110]。

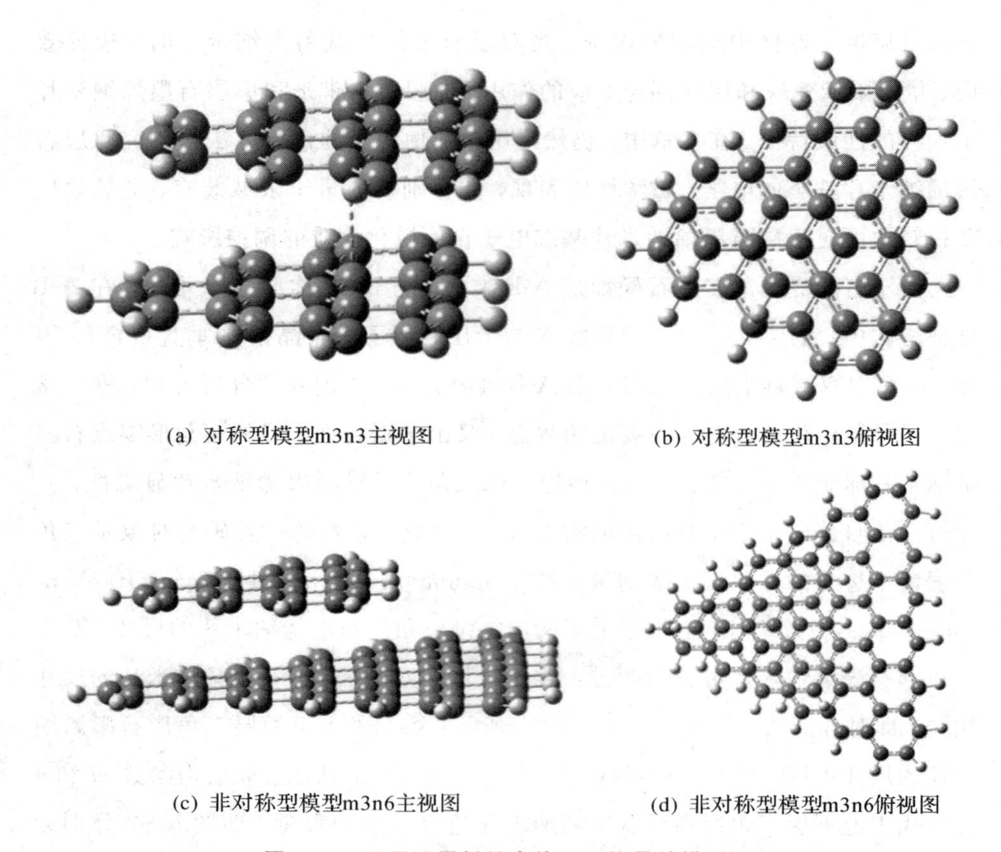

图 5-2 双层石墨烯纳米片 A-B 堆叠的模型图

5.2 双层石墨烯纳米片的自旋注入

早在 2010 年，Seung-Hoon 小组就已经利用第一性原理证明了双层锯齿型边界的石墨烯纳米带上存在自旋极化现象，如图 5-3 所示[111]。本节将重点研究三角形锯齿型边界的双层石墨烯纳米片(TZBGNF)的基态电子自旋特性。

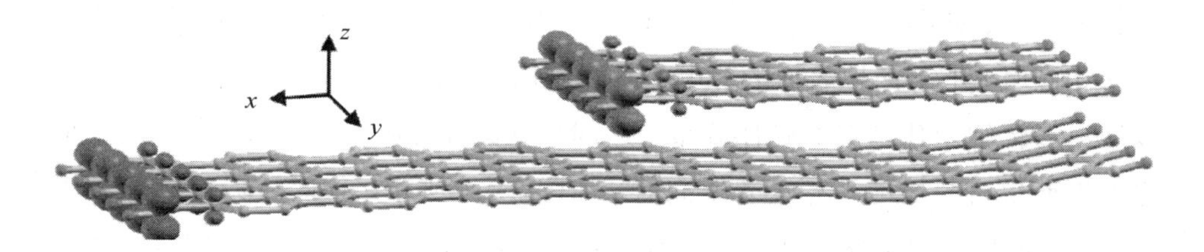

图 5－3　双层锯齿型边界石墨烯纳米带自旋密度分布图[111]

首先计算图 5－2 中 4 个双层石墨烯纳米片模型的自旋密度分布。图 5－4(a)为对称型模型 m3n3 的三角形双层石墨烯纳米片的自旋密度分布图。从图 5－4 中可以看到，对称型三角形双层石墨烯纳米片基态的层间电子自旋密度分布为反铁磁性分布，层内为铁磁性分布，在每一个锯齿型边界都表现出了较强的边界态。而对于非对称型模型 m3n6 而言，如图 5－4(b)所示，模型 m3n6 的下层石墨烯纳米片的左右侧同时出现了以红色和蓝色为主的两种自旋密度分布，而上层石墨烯纳米片仍然为红色自旋密度分布。因此，非对称型模型的自旋密度分布和对称型模型的自旋密度分布不同，此时的磁性分布不再是层间反铁磁性分布，层内铁磁性分布了。对称型三角形双层石墨烯纳米片自旋密度严格意义上的反铁磁基态磁性分布被打破。

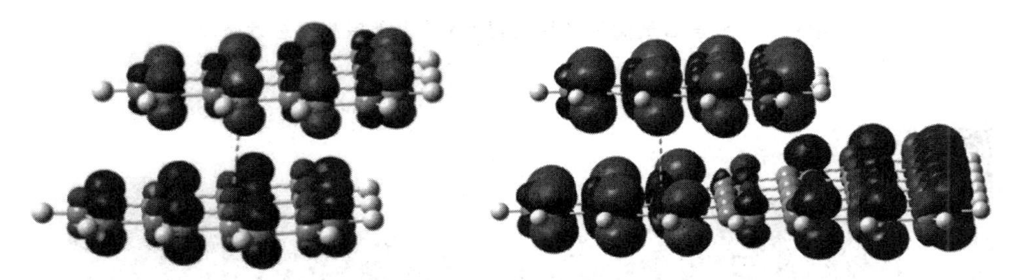

(a) 对称型模型m3n3的三角形双层石墨烯纳米片的自旋密度分布图

(b) 非对称型模型m3n6的三角形双层石墨烯纳米片的自旋密度分布图

图 5－4　对称及非对称型模型的三角形双层石墨烯纳米片的自旋密度分布图

接下来分析导致磁性分布发生变化的主要原因。当上下两层零维石墨烯纳米片的尺寸不同时，上下两层碳原子产生不同的静电势，层与层之间电子产生了静电势差，不同的静电势最终导致了体系不同的磁性分布，从而影响了体系磁性的分布。如图 5 - 5 所示为模型 m3n3 的静电势。当上下两层石墨烯纳米片尺寸相同时，上下两层表面的静电势是相同的，即也从另一个角度解释了此时双层石墨烯纳米片基态的磁性分布为层间反铁磁性分布，层内铁磁性分布。而当上下两层石墨烯纳米片尺寸不同时，如图 5 - 6 所示，这时可以很明显地看出，上下两层石墨烯纳米片表面的静电势已不相同，下层的静电势明显要比上层大(下层的颜色较浅，静电势较大)，故这种不平衡性就打破了体系严格意义

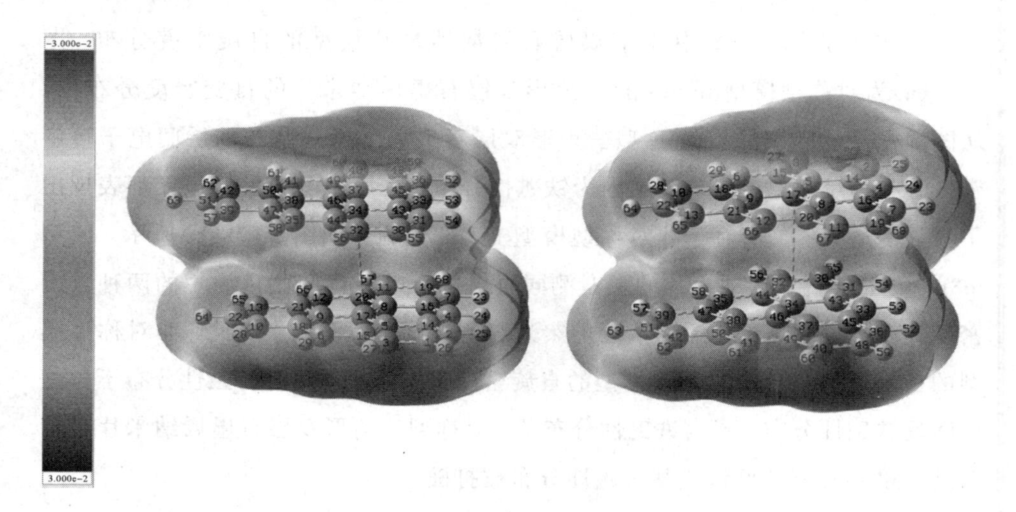

图 5 - 5 双层石墨烯纳米片模型 m3n3 上下层静电势分布图

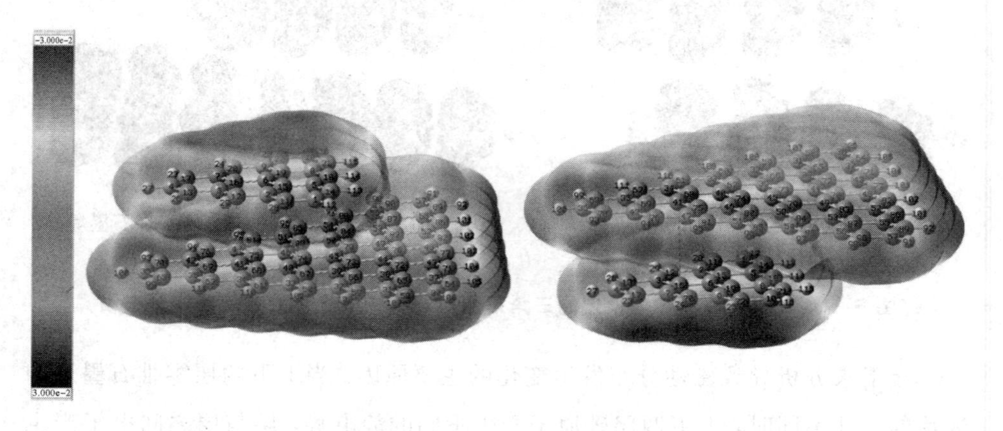

图 5 - 6 双层石墨烯纳米片模型 m3n6 上下层静电势分布图

上的反铁磁性分布特性，使得上下两层石墨烯纳米片间发生了强烈的耦合作用。下一节将详细分析这种量子限域效应对双层石墨烯纳米片带来的电学和磁学性质影响。

5.3 尺寸效应调控双层石墨烯纳米片自旋极化特性

由 5.2 节可知，上下两层石墨烯纳米片的尺寸大小对体系基态电子的自旋密度分布造成了很大影响。为了进一步研究量子限域效应对双层石墨烯纳米片基态性质的影响，上层石墨烯纳米片的边界尺寸固定为 3，下层石墨烯纳米片三角形边界尺寸由 3 逐渐增大到 6，即搭建了模型 m3n3、m3n4、m3n5 和 m3n6，如图 5－7 所示。

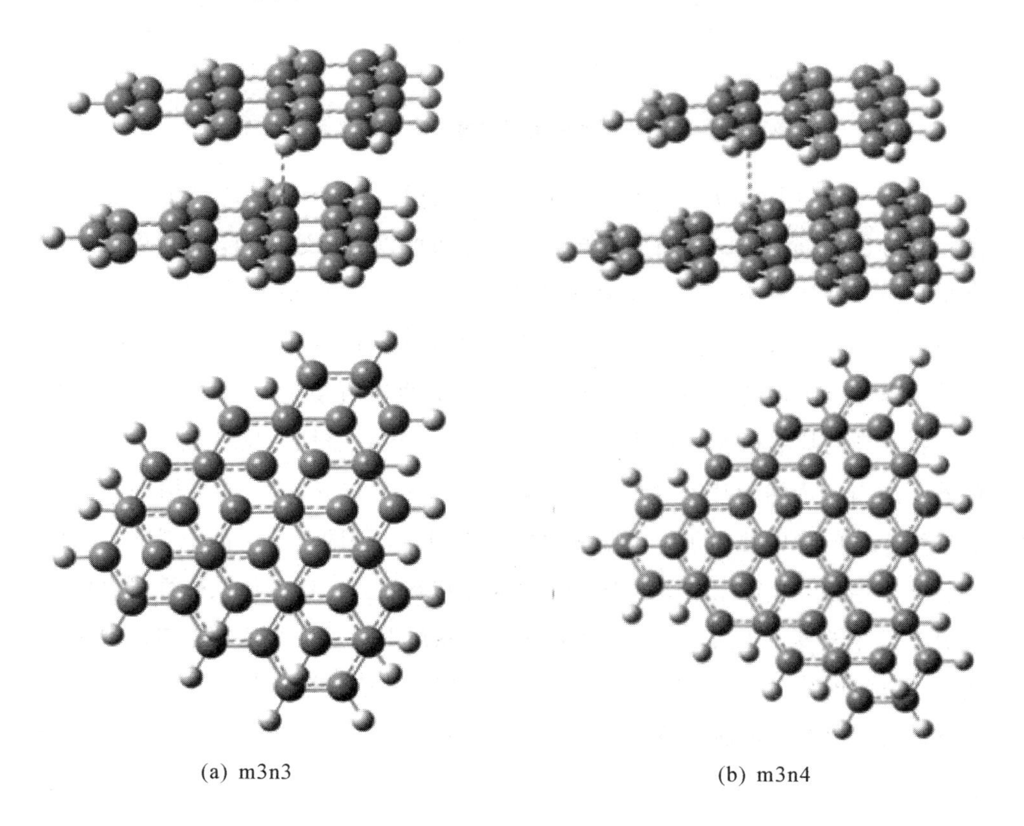

(a) m3n3　　(b) m3n4

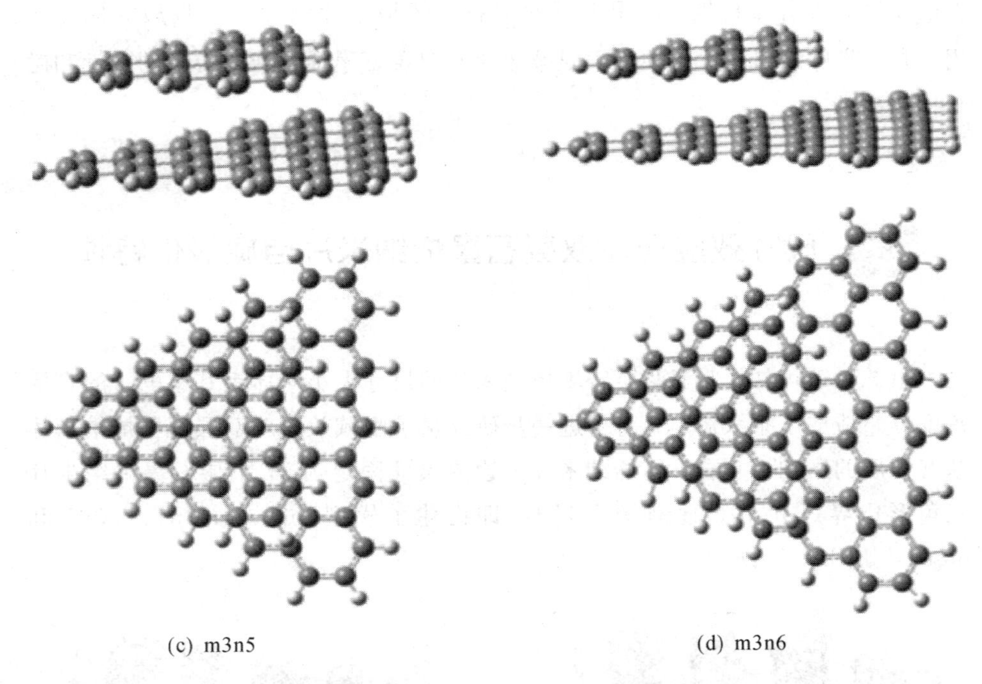

图 5-7　不同结构的三角形双层石墨烯纳米片示意图

图 5-8 为图 5-7 中模型的三角形双层石墨烯纳米片基态自旋密度分布图。从图 5-8(a)和(b)中模型的自旋密度分布可以清晰地看到，当双层石墨烯纳米片上下两层纳米片的尺寸基本相近时，即对称型模型 m3n3 和 m3n4，双层石墨烯纳米片基态的自旋密度分布为层间反铁磁性分布，层内铁磁性分布。因此，体系净自旋基本为零。此时，由于上下两层石墨烯纳米片尺寸基本相同，静电势也基本相等，层间耦合作用较弱，故体系磁性为反铁磁性分布。而随着下层石墨烯纳米片尺寸的增加，如模型 m3n5 和 m3n6，上下两层零维石墨烯纳米片的静电势由于量子限域效应不再相同，层间产生了静电势差，层间耦合作用增强，导致原来双层石墨烯纳米片基态层间严格的反铁磁性耦合的磁性分布发生改变，如图 5-8(c)和(d)所示，双层石墨烯纳米片的净自旋也不再为零。众所周知，双层石墨烯层间没有化学键，只是依靠较弱的范德华作用力连接，当双层石墨烯被裁剪为上下层尺寸不相同的双层石墨烯纳米片时，由于

量子限域效应，双层石墨烯纳米片上下两层纳米片产生静电势差，这种静电势差随着上下两层石墨烯纳米片相对尺寸的增大而增强，即上下两层零维石墨烯纳米片的尺寸相差越大，对体系的反铁磁性磁序分布破坏越大。因此，双层石墨烯的上下层纳米片尺寸要尽量相同，才能保证体系严格的反铁磁性磁序分布。

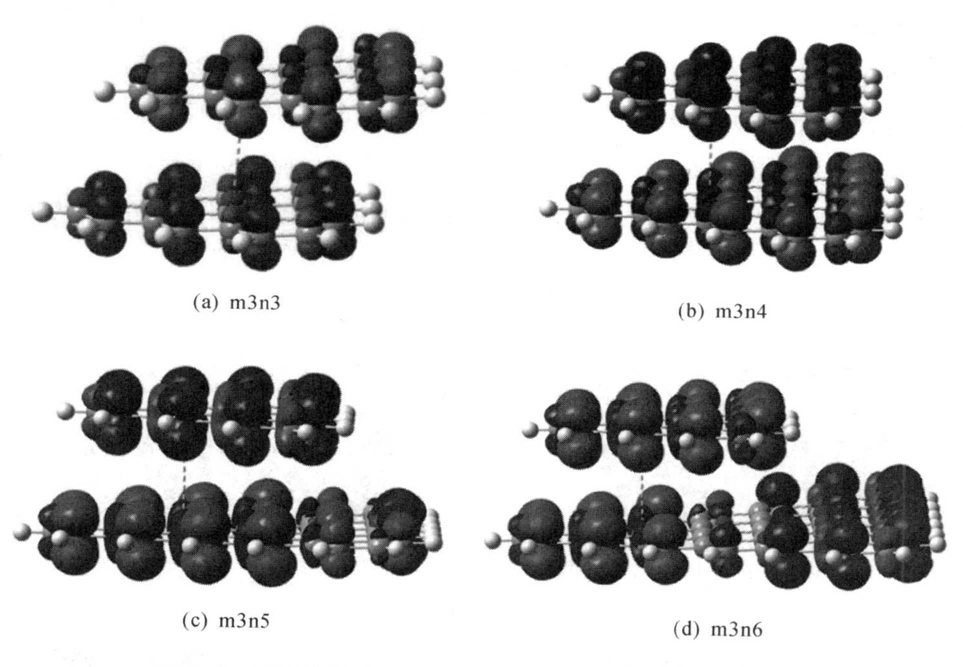

图 5-8　不同结构的三角形双层石墨烯纳米片自旋密度分布图

为了进一步说明量子限域效应导致的较强层间耦合作用对双层石墨烯纳米片自旋密度分布的影响，下面从电子波函数的角度来分析。图 5-9 为模型 m3n3、m3n4、m3n5 和 m3n6 自旋向上电子的最高占据分子轨道(Highest Occupied Molecular Orbital，HOMO)波函数的分布图。当双层石墨烯纳米片上下两层纳米片的尺寸相近时，如模型 m3n3 和 m3n4，双层石墨烯纳米片基态的自旋向上的最高占据分子轨道波函数只分布在双层石墨烯纳米片的底层，即上下两层石墨烯纳米片层间产生了电子自旋极化作用，亦即一种自旋方向的电子只分布在某一层石墨烯纳米片中，如图 5-9(a)和(b)所示。因此，对称型双层石墨烯纳米片的基态磁性分布为反铁磁性分布，即两种自旋方向的电子分别只分布在两层石墨烯纳米片上。然而，当双层石墨烯纳米片上下两层零维纳米片的尺寸差开始增大时，如模型 m3n5 和 m3n6，双层石墨烯纳米片基态自旋向上的最高占据分子轨道波函数则不再分布在双层石墨烯纳米片的某一层，而是上下两层中均有分布，如图 5-9(c)和(d)所示。此时，同一种自旋方向的电子开始分布在上下两层石墨烯纳米片中，即上下两层石墨烯纳米片层间电子自旋极化作用开始减弱。因此，体系的磁性分布不再是电子完全自旋极化时导致的反铁磁性分布了。从分子轨道波函数分布的角度再一次证明了量子限域效应对体系自旋密度分布的影响，从而证明了量子限域效应对双层石墨烯纳米片电子极化性质产生的重大影响。图 5-9 中，红色和绿色分别代表分子轨道波函数不同的相位。

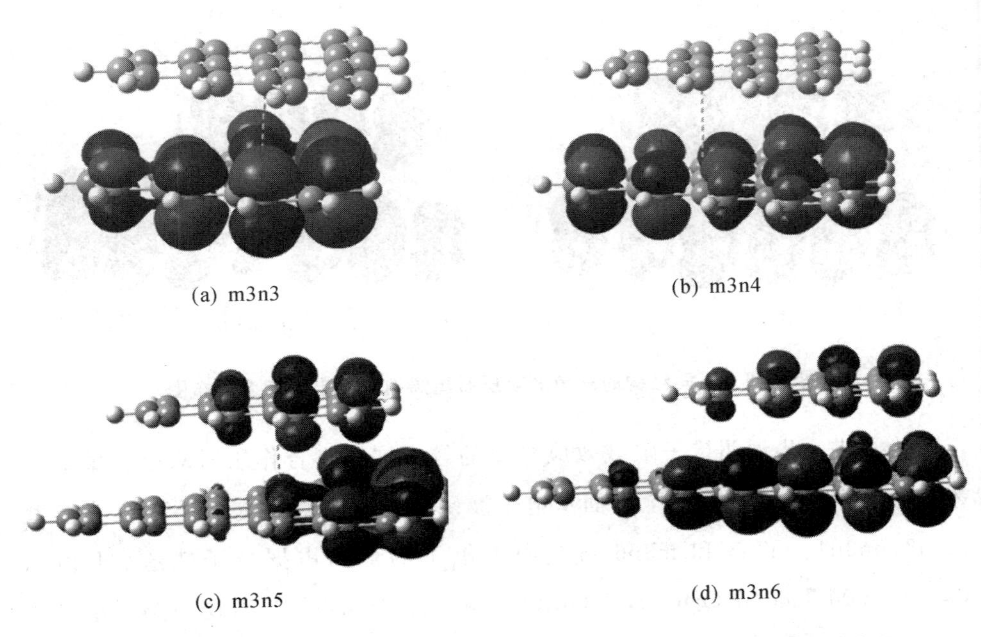

图 5-9 双层石墨烯纳米片在量子限域效应下自旋向上电子的波函数分布图

5.4 电场效应调控双层石墨烯纳米片自旋极化特性

研究已经证明，外加垂直电场可以使双层石墨烯纳米带的上下两层产生静电势差，从而可以破坏子晶格间的反对称性，并能打开体系带隙，使得双层石墨烯纳米带由半导体性转变为半金属状态，并且能隙在一定范围内还可以被调节，如图 5 - 10 所示[111]。本节将重点研究外加垂直电场对对称型和非对称型双层石墨烯纳米片电子自旋极化性质的影响。

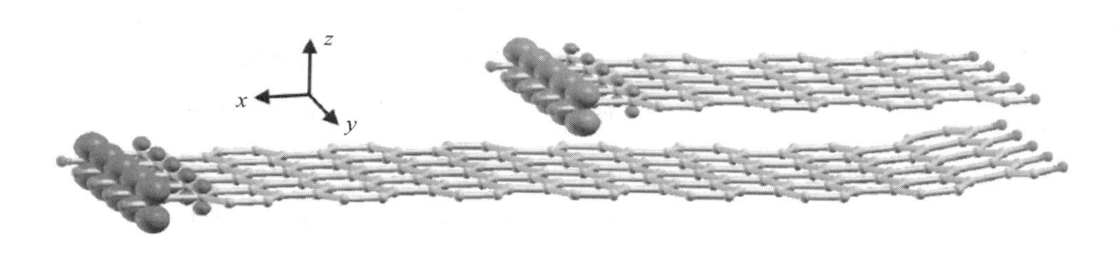

(a) 自旋密度分布图

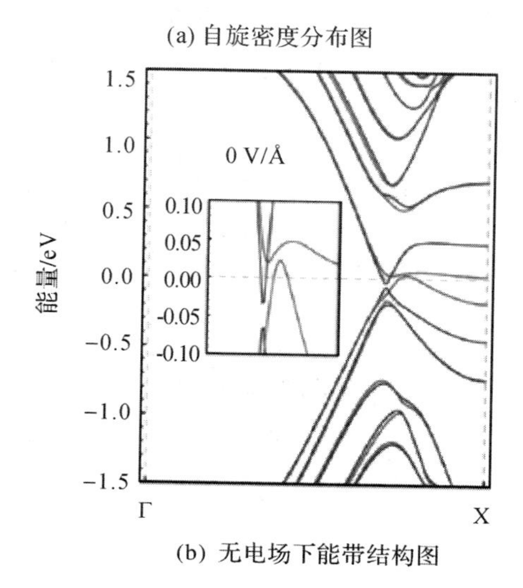

(b) 无电场下能带结构图

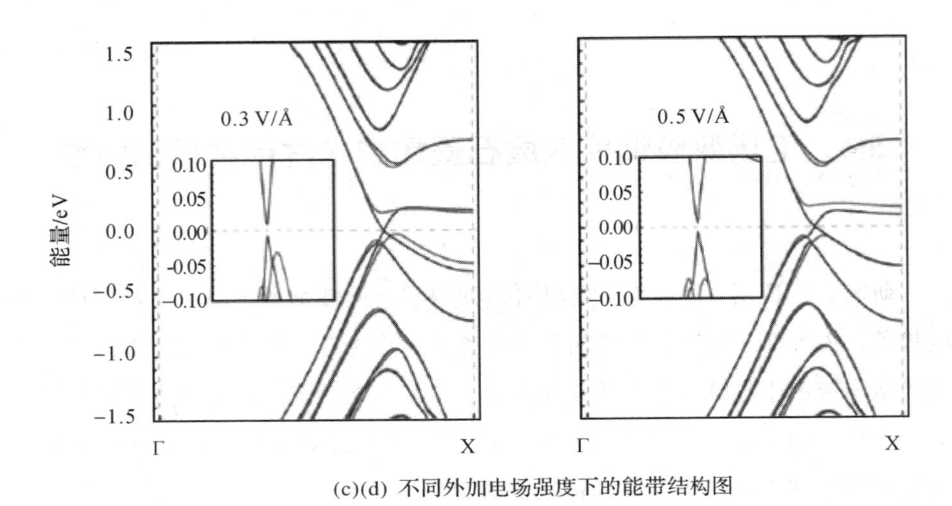

(c)(d) 不同外加电场强度下的能带结构图

图 5-10　双层锯齿型边界石墨烯纳米带及能带结构[111]

首先，研究双层石墨烯纳米片上下两层尺寸非对称的情况。这里取模型 m3n5，m4n5 和 m5n5，如图 5-11 所示，箭头所示的方向为外加垂直电场方向，电场垂直穿过双层石墨烯纳米片平面。同之前的讨论，仍然采用第一性原理方法中杂化泛函近似中的 PBE0 函数在 6-31G ** 的基组水平进行计算，并对体系做了 GD3BJ 色散校正。为了更好地研究电场对石墨烯纳米片电子自旋极化特性的影响，用 α 代表自旋向上的电子，β 代表自旋向下的电子。

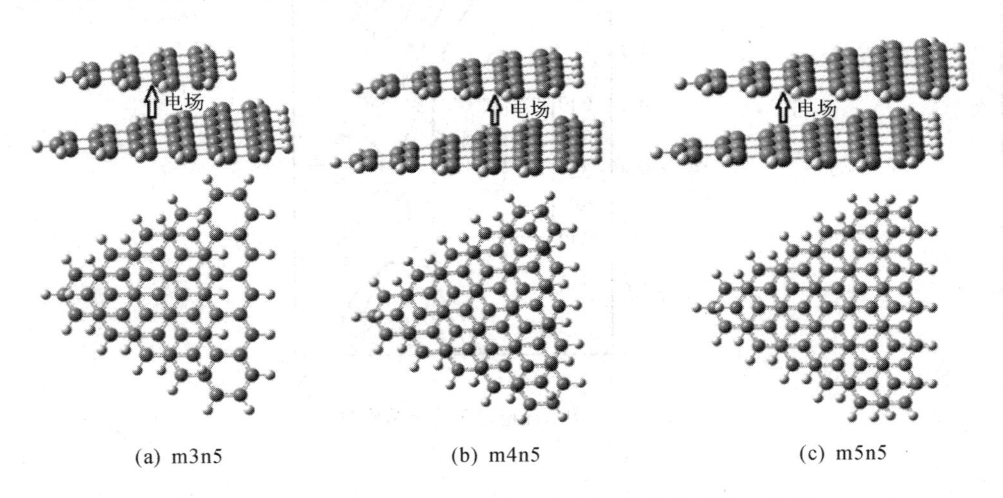

(a) m3n5　　(b) m4n5　　(c) m5n5

图 5-11　非对称型三角形双层石墨烯纳米片的结构示意图

双层石墨烯纳米片自旋相关的带隙随电场强度变化的计算结果如图 5－12 所示。当外加电场强度为零时，体系自旋向上和自旋向下的电子带隙值是简并相等的，如图 5－12 所示，图中三条颜色的曲线分别对应 3 个模型自旋相关的带隙值随外加电场增加的变化趋势。随着外加电场强度的增大，自旋向下电子的带隙值开始增加，而自旋向上的电子的带隙值减小，体系简并的半导体基态开始发生劈裂。当电场强度继续增大到某一值时，自旋向上的电子的带隙值减小为零，而自旋向下电子的带隙值不为零。此时，双层石墨烯纳米片出现了半金属性，此时引发体系出现半金属性的电场强度称为临界电场强度。可以看到，三个模型的自旋相关带隙值随外加电场强度增大的趋势是相同的，不同的只是临界电场强度值和初始带隙值，而这两个值是由体系的结构参数决定的。

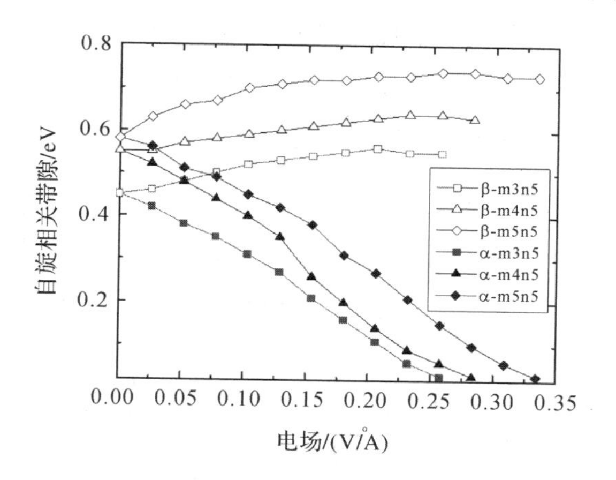

图 5－12　非对称型双层石墨烯纳米片自旋相关的带隙随电场的变化图

从图 5－12 中可以看到，模型 m5n5 的临界电场强度大于 m4n5 的，模型 m4n5 的临界电场强度大于 m3n5 的。由以上分析可知，上下层石墨烯纳米片的尺寸相差越小，体系的电子自旋极化率越高，体系的基态反铁磁磁性就越不容易被破坏，故此时要调制体系由半导体性到半金属性所需的临界电场强度也就越高。这与之前用电子波函数所解释的量子限域效应对体系电子自旋极化率的影响一致。此外，通过计算也可以明显地看到电场对双层石墨烯纳米片电子自旋极化性质的高效调控作用。

接下来，针对模型 m3n3，m4n4，m5n5，计算了对称型双层石墨烯纳米片电子自旋极化特性在电场下的表现，计算结果如图 5－13 所示。从图中的计算结果看到，不同模型的电子极化特性被电场调制的曲线变化趋势是相同的，不同的只是较小尺寸的双层石墨烯纳米片 m3n3 所需的临界电场强度最大，较大尺寸的双层石墨烯纳米片 m5n5 所需的临界电场强度最小，这是由于 m3n3 体系基态的带隙值最高，m5n5 体系的基态带隙值最低。此外，与图 5－12 的计算结果相比，上下两层石墨烯纳米片的尺寸相同时，使得双层石墨烯纳米片达到半金属状态的临界电场值都要远远大于上下两层尺寸不同时的临界电场值。这也与之前的分析结果相一致，对称型双层石墨烯纳米片的反铁磁磁性要大于非对称型双层石墨烯纳米片的，即对称型双层石墨烯纳米片的电子自旋极化率要大于非对称型双层石墨烯纳米片的。因此，调制对称型双层石墨烯纳米片电子的自旋极化性质，所需的电场强度自然要更大。但无论是对称型还是非对称型双层石墨烯纳米片，电场都是调制体系电子自旋极化的有效手段，理论上证明了，通过电场作用，可以实现双层石墨烯纳米片自旋电子器件的自旋输运。

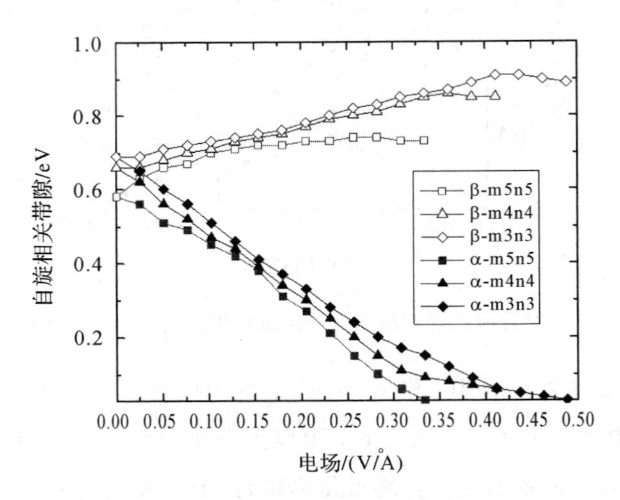

图 5－13 对称型双层石墨烯纳米片自旋相关的带隙随电场的变化图

（采用非限制性 PBE 计算方法，6-31G ** 的基组水平）

最后，从静电势的角度来再次解释外加电场对双层石墨烯纳米片电学特性的调控作用。这里选取模型 m4n5，在垂直电场下体系静电势的变化如图 5－14 所示。由图 5－14 中可以清晰地看到，当外加电场强度为零时，由于模型 m4n5

上下层纳米片的尺寸基本相同，其上下两层的静电势基本相同，故图 5 - 14(a)中石墨烯两层纳米片的颜色基本相同。随着外加电场强度的增加，上下两层的静电势开始发生变化。由图 5 - 14(b)(c)所示，随着外加电场强度的增加，上下两层的静电势开始发生变化。上层的静电势随着电场强度增大的方向颜色逐渐变红，即静电势负向增大，而下层的静电势颜色逐渐趋近于绿色，即正向增大。因此，在外加电场增强的情况下，体系上下层石墨烯纳米片的静电势差变大，即电场对体系的电子属性有较强的调控作用，这也从另一个侧面证明了双层石墨烯纳米片可以成为优秀的场致效应材料。

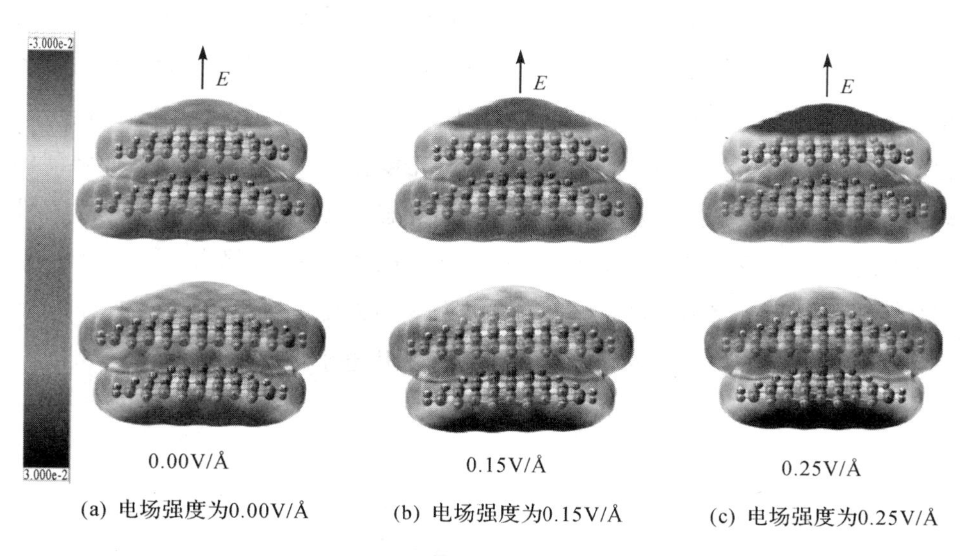

(a) 电场强度为0.00V/Å　(b) 电场强度为0.15V/Å　(c) 电场强度为0.25V/Å

图 5 - 14　模型为 m4n5 的双层石墨烯纳米片静电势随外电场的变化图

5.5 扭转角度调控双层石墨烯纳米片自旋极化特性

近年来，基于二维材料的范德瓦尔斯垂直结构在二维材料和物理领域引起了广泛的兴趣。通过将不同的二维层状材料垂直堆叠，可以形成具有不同于单个材料的物理化学性质的异质结[112]。石墨烯-氮化硼异质结就是范德瓦尔斯异质结的典型代表[113-116]。如果将氮化硼换为石墨烯材料，则两层石墨烯垂直堆叠在一起，体系可表现出不同于单层石墨烯狄拉克锥形的电子能带结构。在构造双层石墨烯范德瓦尔斯垂直结构时，层间相对转角可以成为影响体系电学、磁学、光学性质的一个重要调节参数。根据层间的相对转角，双层石墨烯范德瓦尔斯垂直结构可形成“莫尔条纹”[117]，如图 5－15 所示。“莫尔条纹”的周期与双层石墨烯间的相对转角密切相关，“莫尔条纹”可以看作底层石墨烯衬底对上层石墨烯材料的周期势调控，从而可以导致石墨烯电子能带的重构。2015 年，北京大学刘忠范、彭海琳团队在铜箔衬底上成功地制备了不同旋转角度的双层石墨烯，并解析了体系的电子能带结构，证实了层间相对转角与带隙位置的依赖关系[118-119]。美国麻省理工学院和日本国立材料科学研究所合作，报道了当两个石墨烯片扭转垂直叠放，扭转角度在“魔角”时，由于层间强烈的耦合作用，产生了一种全新的电子态——超导态，扭曲的双层石墨烯中垂直堆叠的原子区域会形成窄的电子能带，产生非导电的 Mott 绝缘态[108-109]。双层石墨烯的转角为研究者有目的性地设计不同结构以及器件提供了极大的空间。本小节中将详细研究转角效应对双层石墨烯纳米片电子自旋极化性质的影响。

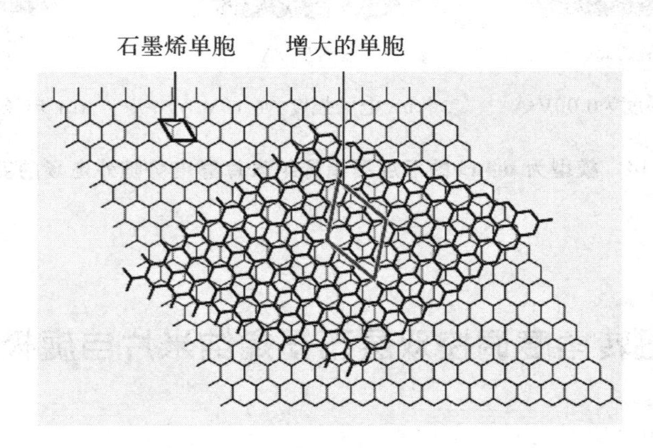

(a) 在双层石墨烯产生扭转角度下，体系的单胞增大

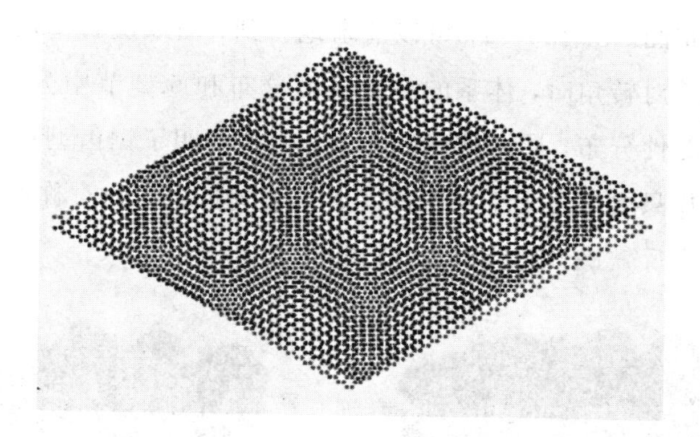

(b) 体系在小扭转角度下产生的莫尔条纹

图 5 - 15　双层石墨烯纳米片由于转角产生的莫尔条纹示意图[117]

首先研究双层石墨烯纳米片在一定转角下的基态电学特性。取模型 m4n4，不同转角下的模型如图 5 - 16 所示。这里采用第一性原理方法中杂化泛函 B3LYP 函数，采用 6-31G ** 的基组水平进行计算，并对体系做了 GD3BJ 的色散校正[120-121]。

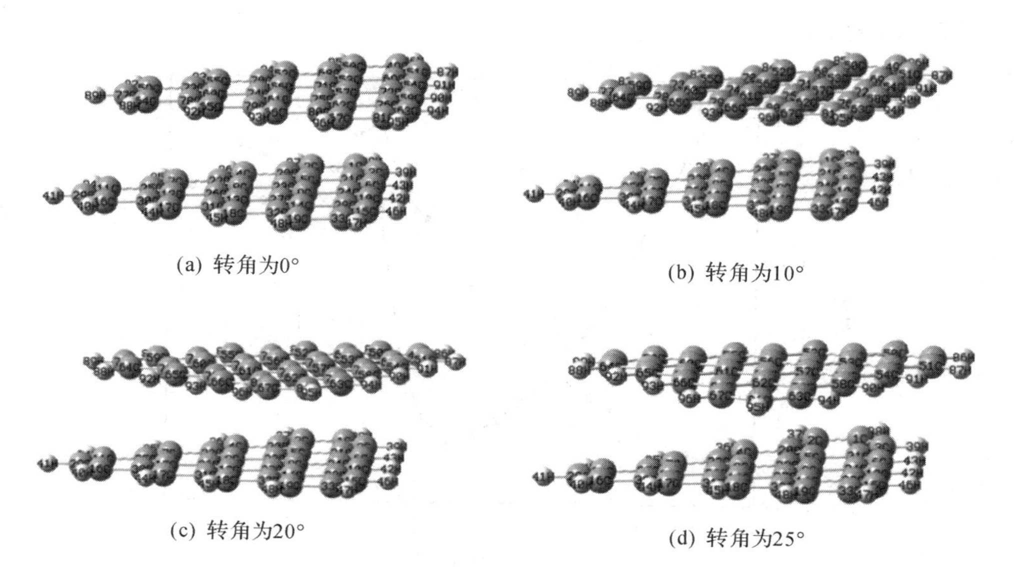

(a) 转角为0°　(b) 转角为10°

(c) 转角为20°　(d) 转角为25°

图 5 - 16　不同转角下的双层石墨烯纳米片模型图

图 5 - 17(a)和(b)为模型转角分别为 10°和 20°时，双层石墨烯纳米片的基

态自旋密度分布图。由图 5 - 17 可以清晰地看到，当双层石墨烯纳米片上下两层纳米片存在相对转角时，体系的自旋密度分布和 5.2 节中分析的结果一致，均为层间反铁磁性分布，层内铁磁性分布。这就证明了锯齿型边界的三角形双层石墨烯纳米片只要满足上下两层纳米片尺寸相同，即为对称型时，体系的自旋密度分布即为反铁磁性分布。

图 5 - 17 不同转角下的双层石墨烯纳米片自旋密度分布图

接下来，计算了 m4n4 体系电子自旋相关带隙随转角的变化，计算结果如图 5 - 18 所示。

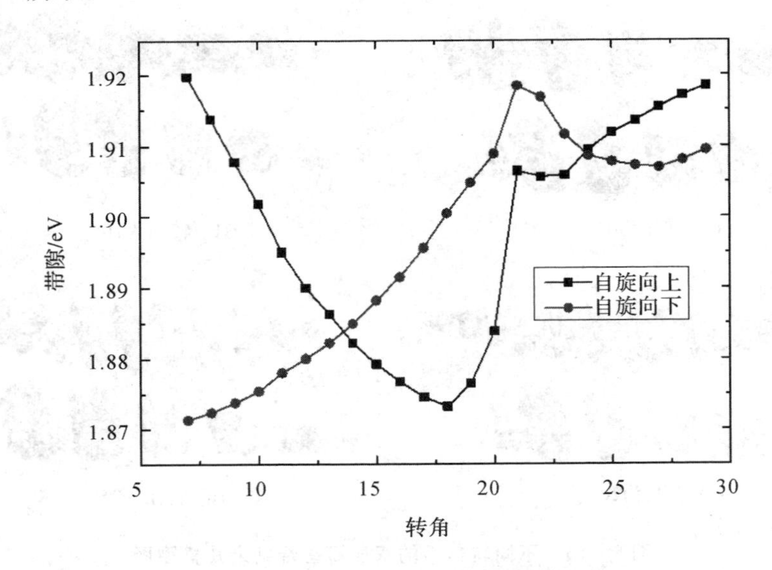

图 5 - 18 双层石墨烯纳米片自旋相关的带隙随转角变化示意图

从图5-18中可以清晰地看到，随着双层石墨烯纳米片的转角变化，体系自旋相关的带隙发生变化，且两个不同自旋取向的电子能带带隙的变化趋势不再相同。自旋向下的带隙随转角的增加开始减小，自旋向上的带隙值随转角的增加则开始增加。在转角为22°左右时，两个自旋取向的带隙均出现了小的拐点，经过小的带隙值下降后又继续上升。这说明双层石墨烯的转角确实可以对体系电子自旋极化性质产生影响，设计自旋电子器件时可以考虑通过转角调控体系的电子自旋极化性质。

最后，计算了模型m4n4电子最大自旋劈裂值随转角的变化情况，最大自旋劈裂值即是两个不同自旋取向最大自旋密度差，此值越大，则说明体系反铁磁磁性耦合强度越强，计算结果如图5-19所示。随着转角的增加，体系的最大自旋劈裂值先下降后增高，到最大值后又开始下降，这说明体系基态的反铁磁磁性强度是可以被转角调制的，且此模型的最大自旋劈裂值发生在转角22°左右，与图5-18所示体系的自旋带隙拐点值基本为同一转角值。因此，转角效应也成为了调控双层石墨烯电子自旋极化性质的另一种有效方式。

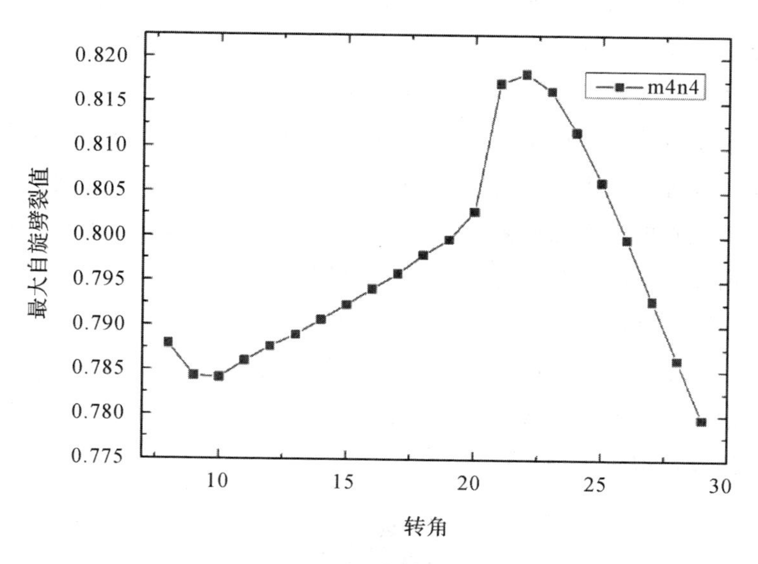

图5-19 双层石墨烯纳米片最大自旋劈裂值随转角的变化情况示意图

5.6 小　　结

本章通过第一性原理的密度泛函理论（DFT）方法，系统详细地介绍了锯齿型边界的两类双层石墨烯纳米片基态电子自旋性质。研究结果证明，纳米片上下两层尺寸相同时，对称型锯齿型边界的双层石墨烯纳米片具有反铁磁磁性的基态自旋分布特性。当上下两层纳米片尺寸不同时，非对称型锯齿型边界的双层石墨烯纳米片不再具有严格意义上的反铁磁磁性分布。这正是量子限域效应对双层石墨烯纳米片磁性的影响。此外，本章还研究了外加垂直电场对对称型和非对称型两类双层石墨烯纳米片电子自旋极化性质的影响。研究结果表明，外加电场可将处于电子自旋简并状态的半导体性质调制为半金属状态，即电场效应可成为调制体系电子自旋极化性质的有效手段。另外，对称型双层石墨烯纳米片的反铁磁磁性大于非对称型双层石墨烯纳米片的反铁磁磁性，即对称型双层石墨烯纳米片的电子自旋极化率要大于非对称型双层石墨烯纳米片的电子自旋极化率。因此，调制对称型双层石墨烯纳米片电子的自旋极化性质所需的电场强度要更大。最后，研究并分析了上下层石墨烯纳米片扭转角度对体系基态电子自旋极化性质的影响。研究结果表明，转角效应在双层石墨烯纳米片系统中发挥了很大的调制作用，可以改变不同电子自旋的带隙，同时可以调控体系反铁磁的基态磁性耦合强度，进一步影响体系基态自旋极化性质。

综上所述，双层石墨烯纳米片具有反铁磁的磁性分布，且量子限域效应、电场效应、扭转角效应均可以成为调制其电学、磁学性质的有效方式。扭转角效应成为了除量子限域效应和电场效应以外，调控双层石墨烯纳米片电子自旋极化性质最新颖的调控方式，这为设计出不同功能结构的基于双层石墨烯纳米片自旋传感器件提供了理论指导。

第 5 章图

第6章　基于低维石墨烯-氮化硼异质结的自旋传感

6.1 引　言

六方氮化硼(Hexagonal Boron Nitride h－BN)是一种宽带隙绝缘体材料，它的空间结构与石墨烯十分相似，都是蜂窝状的晶格结构，且也有两个子晶格。不同之处是氮化硼的两个子晶格是由氮原子和硼原子构成，而石墨烯的两个子晶格都是由碳原子构成的。由于氮化硼晶格中氮原子和硼原子的格点能量不同，因此氮化硼材料产生了约4.5 eV的带隙，属于典型的绝缘体材料[122]。石墨烯和六方氮化硼结构相似，晶格常数相近，晶格失配率低，如能将其异质集成，则可产生不同于二者的特殊电子结构，制造出互补于石墨烯和氮化硼电学性质的新材料。已有研究表明，将二者结合在一起形成纳米薄膜的异质结材料，将在电子器件领域具有很高的应用价值[77-79，122-125]。此时，由于引入了氮化硼材料，异质结的电学特性与传统的石墨烯或氮化硼材料不再相同，新颖异质结材料的带隙宽度也介于二者的带隙之间，从而使其具有了半导体特性[126-131]。此外，已有研究表明，根据氮化硼与石墨烯结合比例的不同，一维石墨烯-氮化硼纳米带异质结可以在没有外加电场的情况下实现材料的半金属属性[78-79，127]，这就大大简化了实现材料半金属属性的外加条件。实验上也通过不同的合成方法，实现了对石墨烯-氮化硼二维平面异质结原子级厚度复合材料的制备[122，132-137]。

然而，在以往的理论研究工作中，大多是围绕二维石墨烯-氮化硼电学特性随二者掺杂浓度变化所受的影响开展的，如产生可调的带隙[129]、异质结的电子输运特性[80, 138]以及半金属性等[78, 127]。关于零维石墨烯-氮化硼复合纳米片和一维石墨烯-氮化硼纳米带的电子自旋极化特性还未见详细报道。2014年，实验上已经通过STM(Scanning Tunneling Microscop，扫描隧道显微镜)观测到了这两种材料的锯齿型界面处存在边界态[139]，如图6-1所示。这就引发了对零维石墨烯-氮化硼纳米片和一维石墨烯-氮化硼纳米带电子自旋极化特性的思考。此外，理论和实验中也都证明了两种材料的锯齿型边界比扶手椅型边界更稳定[140-141]。本章将围绕石墨烯-氮化硼平面异质结的电子自旋传感特性开展详细研究。

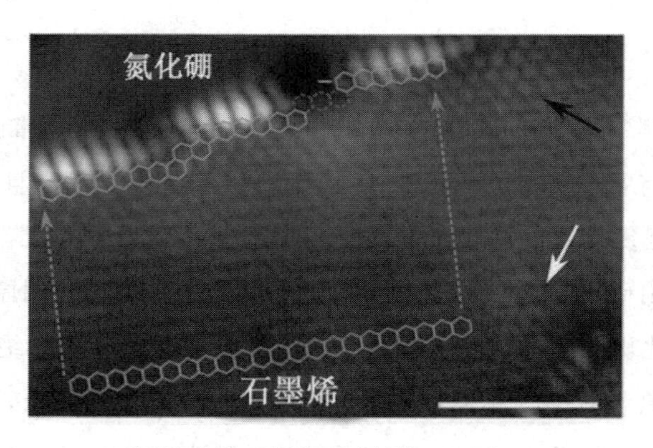

(a) 石墨烯-氮化硼锯齿型边界的STM图

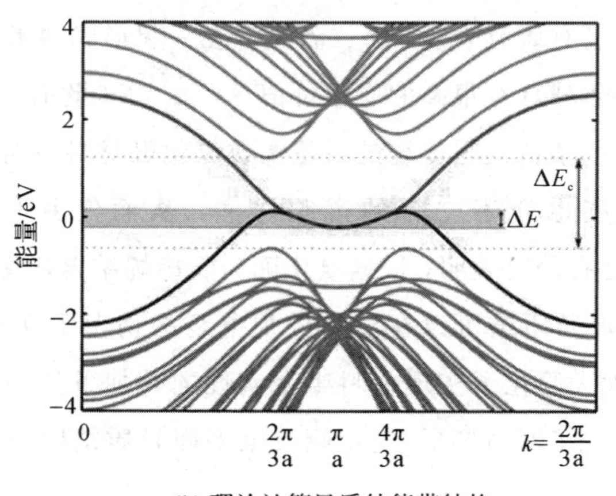

(b) 理论计算异质结能带结构

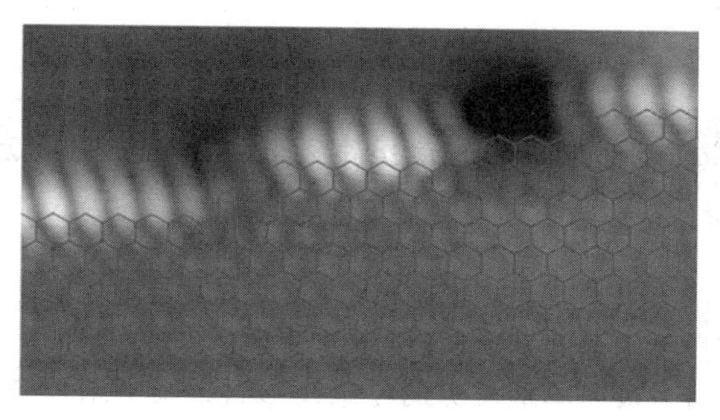

(c) STM显示的界面态

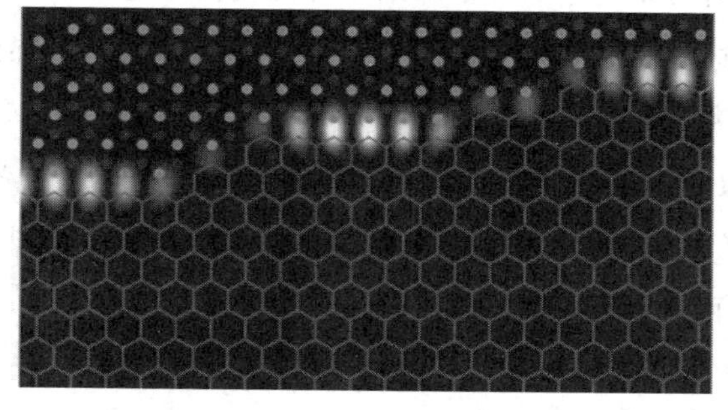

(d) 紧束缚模型下根据图形(c)计算的边界局域态

图 6-1　石墨烯-氮化硼异质结理论和实验对比[139]

对于零维石墨烯-氮化硼异质结纳米带电学、磁学性质的研究，由于其属孤立体系而非周期性体系，故使用 Gaussian 软件进行仿真计算。这里采用的是杂化密度近似泛函（HDA）中 Heyd - Scuseria - Ernzerh 06（HSE06）泛函，6-31G ** 水平下的高斯基组并使用非限制性开壳层方法（unrestricted）进行理论仿真计算。

对于一维和二维石墨烯-氮化硼异质结电学、磁学性质的研究，由于其属周期性体系，故采用基于平面波基组展开的 VASP 软件进行仿真计算[142-143]。交换关联效应采用广义梯度近似 PBE 泛函，平面波基组的截断能设置为 450 eV，真空层厚度设置为 20 Å，结构弛豫收敛标准设置为原子受力小于 0.01 eV/Å。

仿真计算首先对晶格坐标进行优化，得到一个稳定的结构，然后进行静态自洽计算，即不再对体系的坐标进行修改，只调整体系电子的运动，以达到该结构的最低能量，最后进行非自洽迭代计算，最终得到体系的能带结构。

6.2 零维石墨烯-氮化硼异质结自旋注入

为了研究不同掺杂比例的氮化硼对零维石墨烯纳米片电子自旋特性的影响，模型首先选用了最简单最常见的零维矩形石墨烯纳米片来掺入氮化硼纳米带。由之前的分析可知，零维石墨烯纳米片的锯齿型边界分布有大量的自旋密度，而扶手椅型边界自旋密度分布较少，故首先从零维石墨烯纳米片扶手椅型边界处开始掺杂氮化硼纳米带。图 6-2(a)为零维矩形石墨烯纳米片模型，M 表示扶手椅型边界的原子数，N 表示锯齿型边界的原子数，则该模型为 M6N7。图 6-2(b)至(f)则是按不同的掺杂比例，从扶手椅型边界掺杂氮化硼纳米带的模型平面示意图。

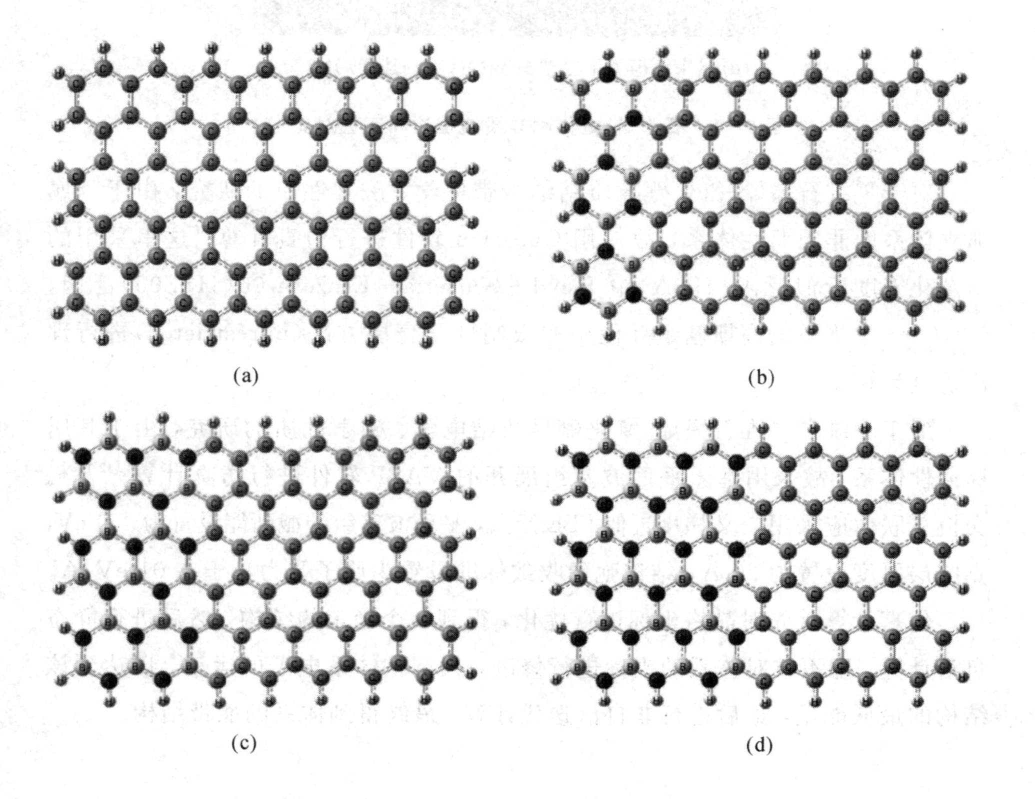

(a) (b)

(c) (d)

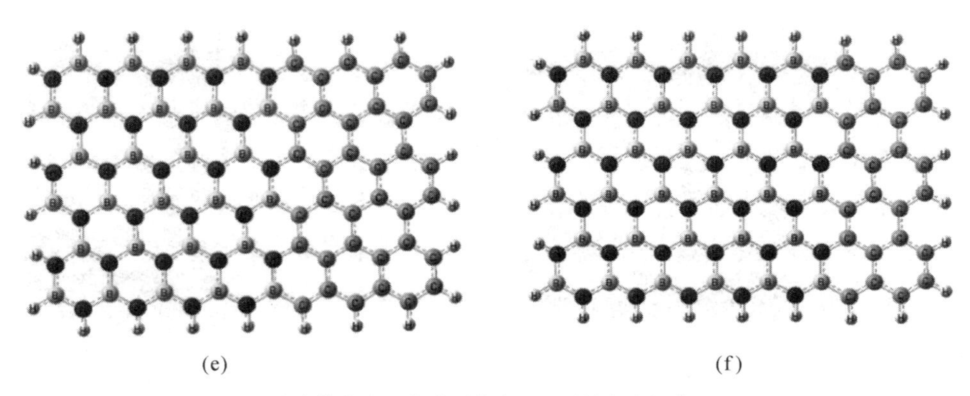

(e)　　(f)

注：纳米带宽度方向分别掺杂0~5列的六方氮化硼。

图 6-2　不同掺杂比例的零维石墨烯-氮化硼平面异质结模型示意图

首先，计算异质结模型基态的电子自旋性质。图 6-2(a)至(f)模型的自旋密度分布如图 6-3 所示。从模型基态自旋密度分布图 6-3 可以看出，当氮化硼掺杂零维矩形石墨烯纳米片的浓度增加时，自旋密度由离域分布于整片零维石墨烯纳米片逐渐过渡为只有石墨烯碳原子分布的位置，故体系的反铁磁磁性强度发生了变化，自旋密度主要集中于碳原子片段中，且自旋密度分布依然从两个锯齿型边界向片内递减。

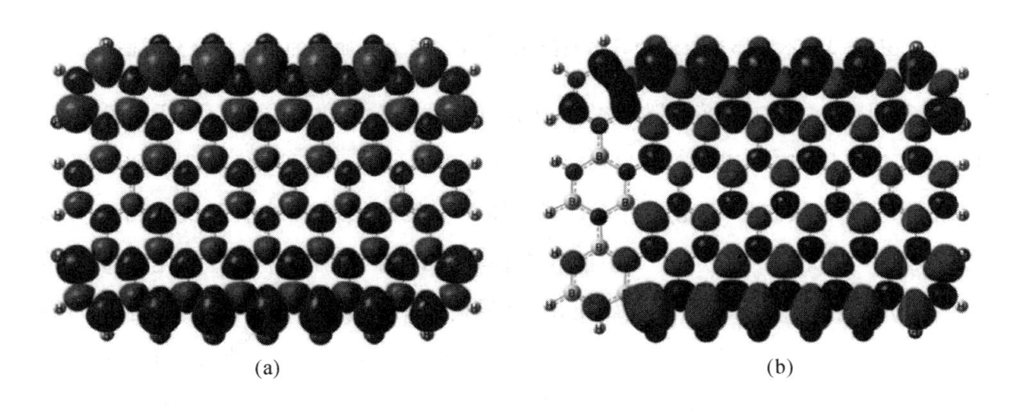

(a)　　(b)

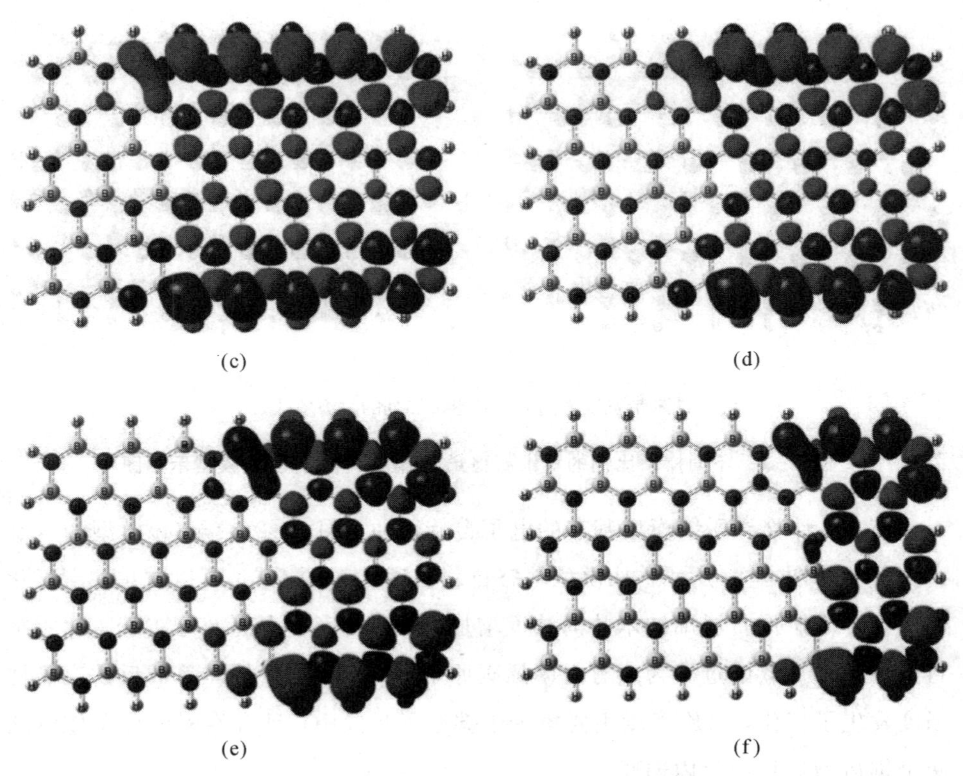

(c) (d)

(e) (f)

注：纳米带宽度方向分别掺杂0~5列的六方氮化硼。

图 6-3 不同掺杂比例的零维石墨烯-氮化硼平面异质结的自旋密度分布图

将图 6-2 中的模型依次写为分子形式，即 C90H26，C72B9N9H26，C60B15N15H26，C48B21N21H26，C36B27N27H26 和 C24B33N33H26，经第一性原理的非限制性开壳层仿真计算，体系自旋相关的带隙值和最大自旋劈裂值如表 6-1 所示。从表 6-1 中前 4 个模型可以看到，随着模型氮化硼掺杂浓度的增加，自旋向上的带隙值(α-gap)开始降低，自旋向下的带隙值(β-gap)开始增高，最大自旋劈裂值也为递增的状态。当碳原子数量和氮化硼原子数量相当时，如模型 C48B21N21H26，体系的最大自旋劈裂值最大，达到了 0.782，且此时的电子自旋极化率也较高，即表 6-1 中 C48B21N21H26 体系所示的 α-gap＝0.350 eV和 β-gap＝0.905 eV。但是如果继续增大氮化硼的掺杂比例，

α-gap由 0.187 eV 增大到 0.334 eV，而 β-gap 则由 1.064 eV 减小到 0.698 eV，即体系的电子自旋极化率有微弱递增后即开始降低，且磁性耦合强度也开始迅速下降，如表 6－1 体系 C36B27N27H26 和 C24B33N33H26 所示。

表 6－1　不同石墨烯-氮化硼异质结纳米片电学、磁学性质的比较

分子构型	自旋向上带隙 α-gap / eV	自旋向下带隙 β-gap / eV	最大磁化劈裂程度
C90H26	0.529	0.529	0.643
C72B9N9H26	0.512	0.547	0.710
C60B15N15H2	0.448	0.667	0.729
C48B21N21H2	0.350	0.905	0.782
C36B27N27H2	0.187	1.064	0.761
C24B33N33H2	0.334	0.698	0.535

其次，从前线分子轨道(Frontier Molecular Orbital，FMO)理论出发，从电子波函数的角度来分析矩形零维石墨烯纳米片掺杂氮化硼后的基态电子分布表现。图 6－4(a)至(f)分别为矩形零维石墨烯纳米片掺杂氮化硼自旋向上最高占据分子轨道的波函数分布图，即 α-HOMO。其中，红色和绿色表示波函数的正负相位，其模的平方表示电子云密度。从图 6－4(a)和(b)中可以很明显地看到，当氮化硼掺杂零维矩形石墨烯纳米片的浓度增加时，自旋向上电子波函数由离域分布于整片零维石墨烯纳米片逐渐变为定域到只有石墨烯碳原子分布的位置。这种电子波函数的定域性使得电子-电子间库仑相互作用增强，这也正是自旋密度主要分布的区域。

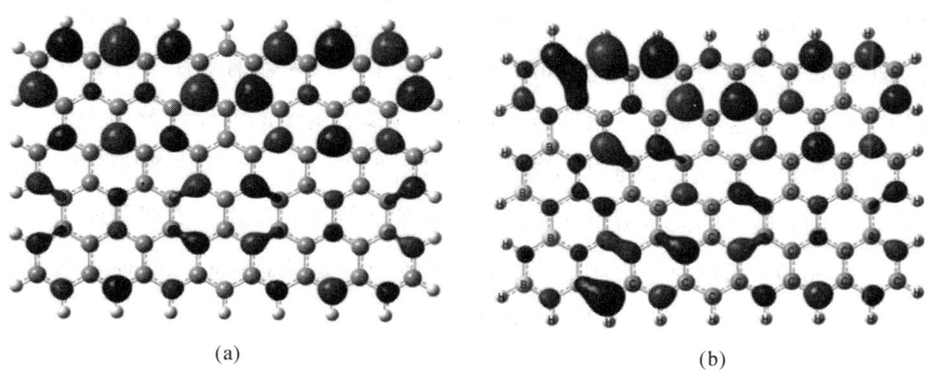

(a)　　　　　　　　(b)

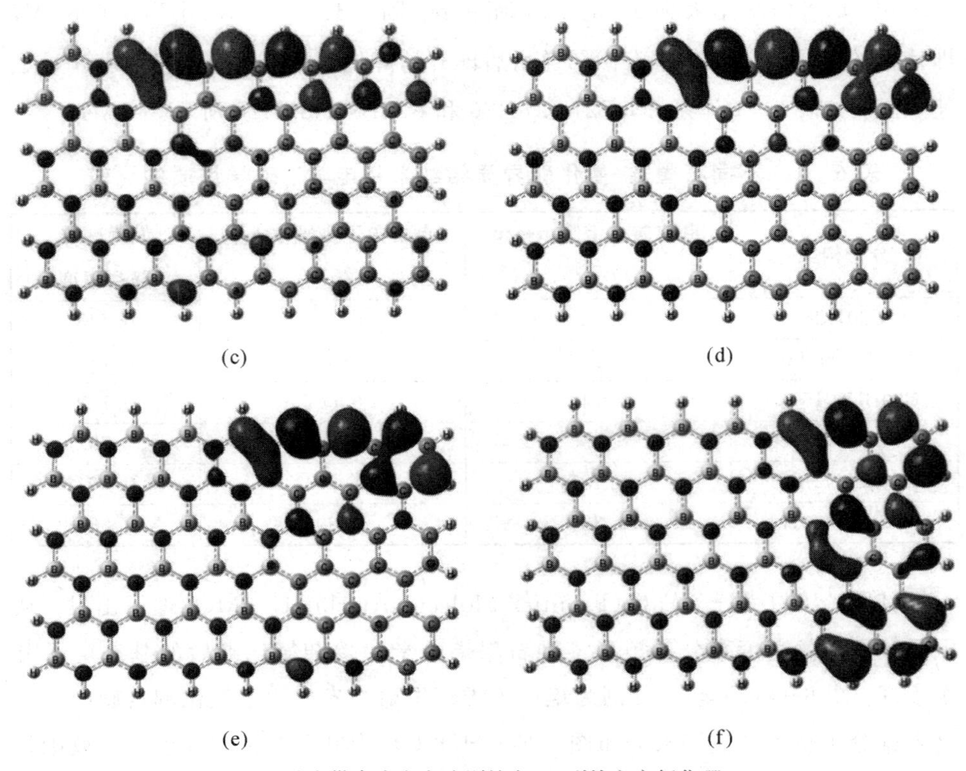

注：纳米带宽度方向分别掺杂0~5列的六方氮化硼。

图 6-4 不同掺杂比例的零维石墨烯-氮化硼平面异质结的电子波函数分布图

最后，计算了将锯齿型边界的三角形石墨烯纳米片掺入矩形氮化硼纳米片中形成异质结的电子自旋性质。图 6-5(a)和(b)为不同的两种异质结模型，分别是三角形的锯齿型边界与硼原子和氮原子连接的情况。图 6-5(c)和(d)为计算出的自旋密度分布图，此时可以看到，三角形石墨烯纳米片的自旋分布呈反铁磁性分布，这与单独三角形石墨烯纳米片基态电子的铁磁性分布不同，且碳原子和硼原子之间有相通的自旋密度分布。图 6-5(e)和(f)为模型的电子波函数分布图，这时的波函数分布仍定域在碳原子周围，且碳原子和硼原子的波函数分布相通，而氮原子上则少有波函数的分布，这就意味着此时体系的电子交换主要发生在碳原子和硼原子之间。

(a) 模型图　(b) 模型图

(c) 自旋密度分布图　(d) 自旋密度分布图

(e) 电子波函数分布图　(f) 电子波函数分布图

图 6-5　零维石墨烯-氮化硼平面异质结自旋密度与波函数

6.3 一维石墨烯-氮化硼异质结纳米带基态电子自旋特性调控研究

本节开始研究一维石墨烯-氮化硼异质结纳米带基态电子自旋极化特性。通过 VASP 软件，首先分别计算石墨烯和氮化硼的能带结构，计算结果如图 6-6所示。从图 6-6(a)可以看到，石墨烯的能带在高对称 K 点处的能量是线性色散的，此处的带隙值为零。而图 6-6(b)所示的单层六方氮化硼能带图则拥有大约 4.5 eV 的带隙值，属于典型的绝缘体材料。若将二者异质结合，势必会出现新的能带特征。下面将详细分析石墨烯-氮化硼纳米带异质结的电学、磁学特征。

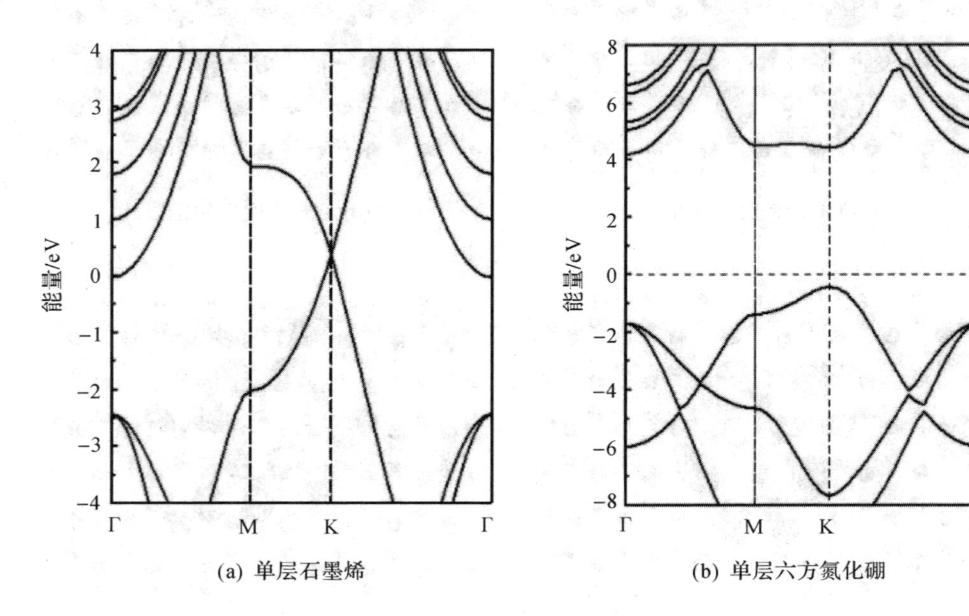

(a) 单层石墨烯 (b) 单层六方氮化硼

图 6-6 能带结构图

首先，建立宽度分别为 3、4、5 的锯齿型边界石墨烯纳米带模型，如图 6-7所示，这里的宽度定义为两个锯齿型边界之间沿 60°方向所包含的苯环数目。然后，计算电子能带结构，结果如图6-8所示。从图6-8中可以看到，不同宽度的石墨烯纳米带能带结构有所不同，带隙值根据宽度的不同发生变化。

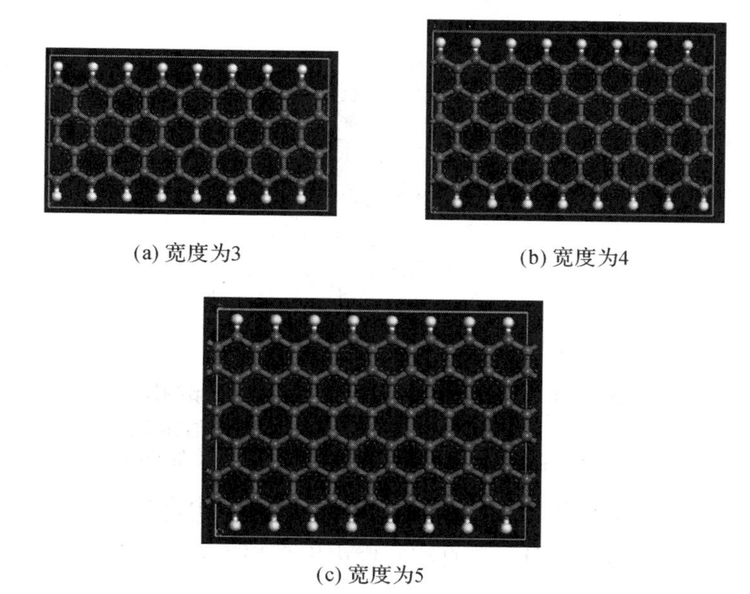

(a) 宽度为3　　(b) 宽度为4

(c) 宽度为5

图6-7　锯齿型边界石墨烯纳米带模型

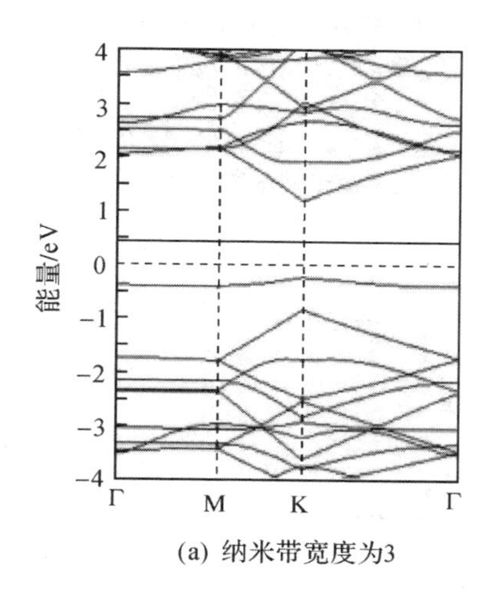

(a) 纳米带宽度为3

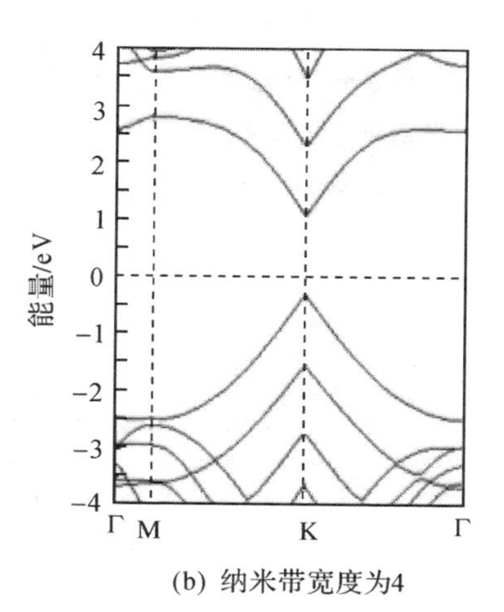

(b) 纳米带宽度为4

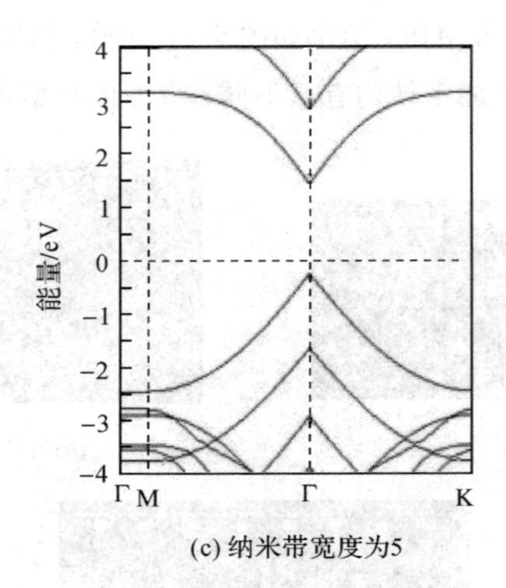

(c) 纳米带宽度为5

图 6-8　锯齿型边界石墨烯纳米带能带结构图

其次，计算模型的基态自旋密度分布图，计算结果如图 6-9 所示。从结果可以看到，不同宽度的锯齿型边界石墨烯纳米带的两个锯齿型边界有着自旋方向相反的自旋密度分布特性，且自旋密度由锯齿型边界向内逐渐递减，即锯齿型石墨烯纳米带的自旋密度主要分布在边界碳原子上。

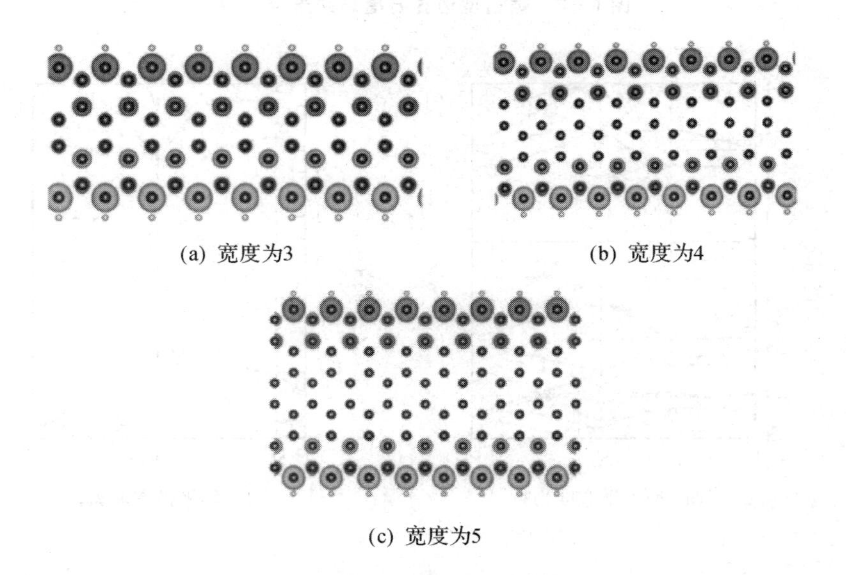

(a) 宽度为3　　(b) 宽度为4

(c) 宽度为5

图 6-9　锯齿型边界石墨烯纳米带自旋密度分布图

接下来，搭建石墨烯-氮化硼纳米带异质结，模型如图 6-10 所示。由于只有锯齿型边界石墨烯纳米带会有电子自旋分布特性，故模型均采用锯齿型边界的异质界面。图 6-10(a)、(b)和(c)分别是锯齿型边界石墨烯纳米带与氮化硼中的硼原子、氮原子以及同时与硼原子氮原子异质集成的模型图。

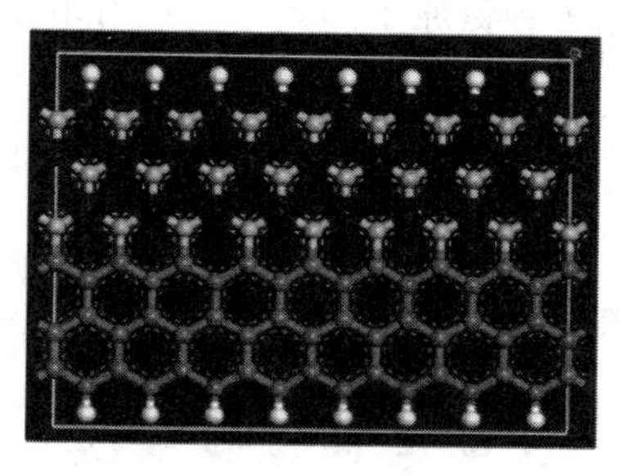

(a) 氮原子为纳米带一侧锯齿型边界原子

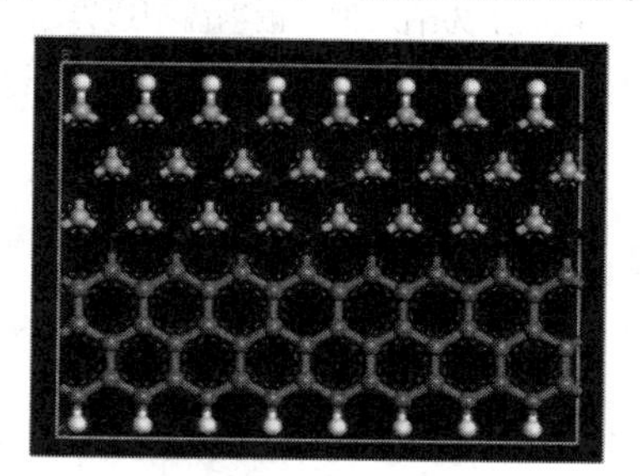

(b) 硼原子为纳米带一侧锯齿型边界原子

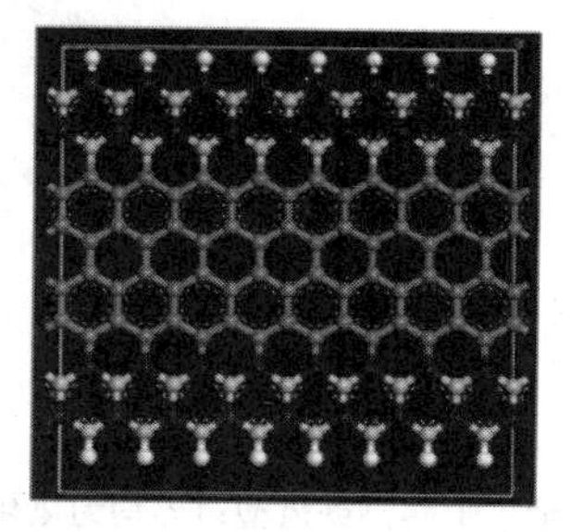

(c) 纳米带两侧锯齿型边界均为氮化硼

图 6-10　三种不同异质界面的石墨烯-氮化硼异质结纳米带模型图

在经过了结构弛豫和自洽计算后，模型的自旋密度分布如图 6-11 所示。此时三种石墨烯-氮化硼异质结纳米带模型的基态均为反铁磁性的电子自旋分布，且由图 6－11 可以清楚地看到，图 6－11(a)、(c)中碳原子和硼原子边界处的硼原子与碳原子共享同一个方向的自旋密度分布，而图 6－11(b)中碳原子与氮原子的界面虽有相同方向的自旋密度分布，但两个原子之间的自旋密度是独立存在的，这也说明石墨烯和氮化硼异质界面处的电子相互作用主要发生在硼原子和碳原子间，碳原子和氮原子间则基本没有电子相互作用。

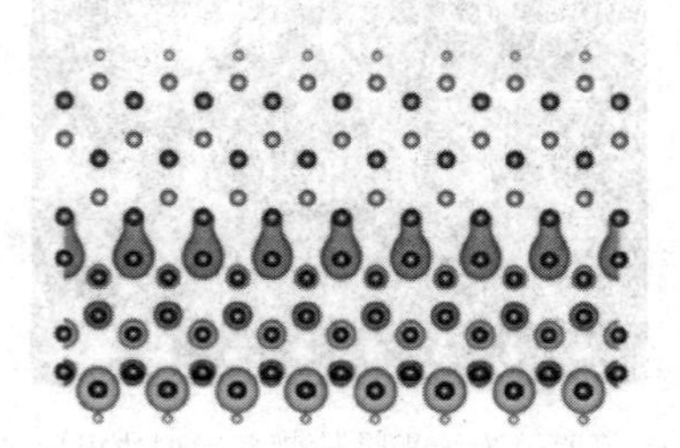

(a) 氮原子为纳米带一侧锯齿型边界原子

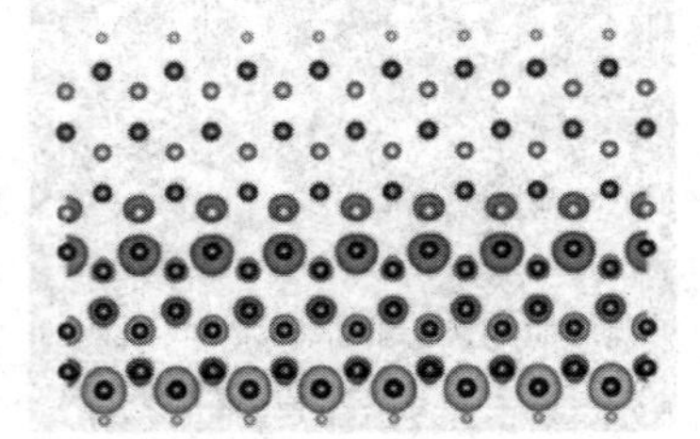

(b) 硼原子为纳米带一侧锯齿型边界原子

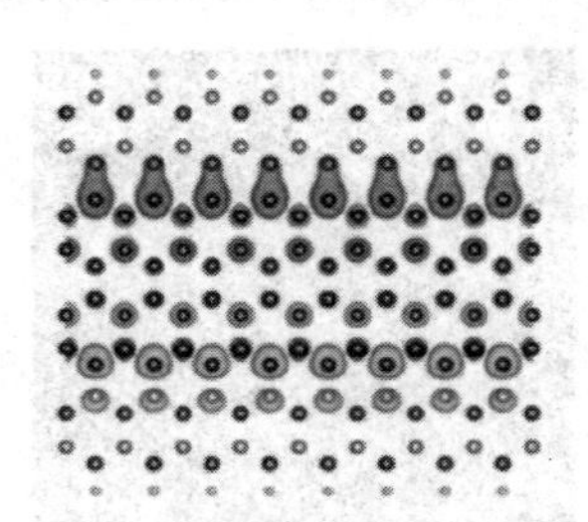

(c) 纳米带两侧锯齿型边界均为氮化硼

图 6－11　三种石墨烯-氮化硼异质结纳米带模型的自旋密度分布图

最后，通过非自洽计算，得到这三种石墨烯-氮化硼异质结纳米带模型的电子结构，如图 6－12 所示。由模型的电子能带图可以看到，图 6－12(a)与(b)

的能带分布基本一致，因为此时两个模型的石墨烯纳米带异质结合的比例基本相同。而图 6－12(c)的能带在高对称点 X 处的导带底则要低于前两个模型的相应能带。这是由于图 6－10(c)所示模型中碳原子的比例增大的结果，即证明了新颖的石墨烯-氮化硼平面异质结不仅可以实现可调的半导体电学特性，且锯齿型边界石墨烯纳米带电子反铁磁性分布的自旋密度同样可以在石墨烯-氮化硼异质结中实现。此外，石墨烯锯齿型边界在实验中不稳定的状态也可由制备石墨烯-氮化硼异质结来得到保护，这就大大增加了将锯齿型边界的石墨烯应用到纳米电子自旋器件中的可能性。

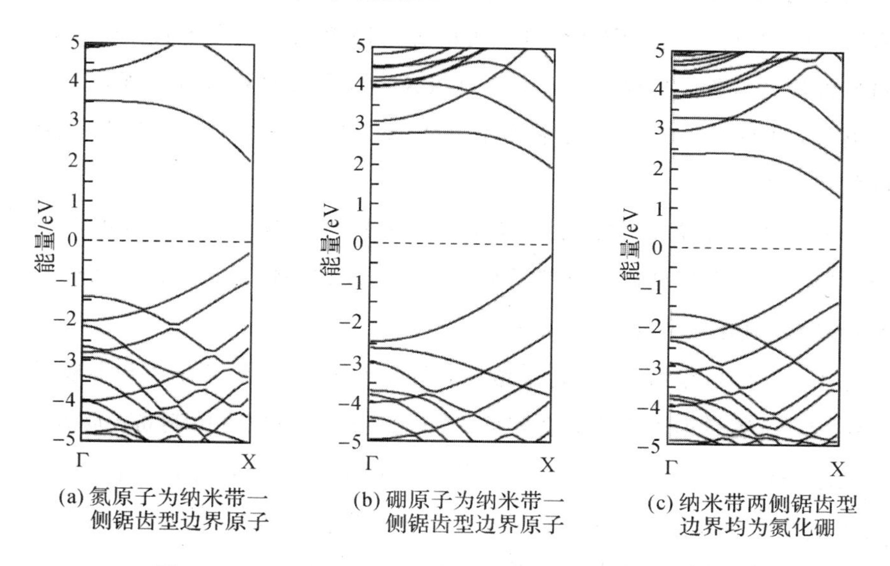

图 6－12　三种石墨烯-氮化硼异质结纳米带结构能带图

6.4 小　　结

本章采用第一性原理计算方法，分别对零维的石墨烯-氮化硼异质结纳米片、一维的石墨烯-氮化硼纳米带异质结的电学、磁学性质做了详细的探讨。根据仿真结果，可以得出如下结论：

(1) 氮化硼片段掺杂零维石墨烯纳米片可以打破原零维石墨烯纳米片电子自旋简并的状态，使得电子产生自旋极化现象。

(2) 当氮化硼与石墨烯片段原子数相当时，磁矩达到最大，此时体系的磁性耦合强度最高。

(3) 当氮化硼比例稍大于体系中的碳原子数时，体系的自旋极化率最高，即自旋相关的带隙值相差最大，体系近似于被调制成了半金属状态。因此，相比电场效应调控体系的电子自旋极化性质而言，氮化硼掺杂零维石墨烯即零维的石墨烯-氮化硼平面异质结纳米片可以更为简单地实现零维石墨烯纳米片电子自旋性质的调控，其较大的电子自旋极化率使得此材料可以实现石墨烯自旋电子器件，也使得零维的石墨烯-氮化硼平面异质结纳米片具有成为半金属材料的趋势。

(4) 一维石墨烯-氮化硼平面异质结纳米带材料不仅可以实现可调的半导体电学特性，且锯齿型边界石墨烯纳米带电子反铁磁性分布的自旋密度同样可以在石墨烯-氮化硼异质结材料中实现。

综上所述，低维石墨烯-氮化硼平面异质结不仅从真正意义上实现了平面二维结构，石墨烯锯齿型边界在实验中不稳定的状态也可由制备石墨烯-氮化硼异质结来得到保护和实现。新颖的低维石墨烯-氮化硼平面异质结不仅具有不同于石墨烯和氮化硼的电学性质，而且还可保留低维锯齿型边界石墨烯纳米片结构所出现的电子自旋性质，其具有可调的半导体特性更是为将此材料应用于石墨烯基自旋传感器件提供了理论支持。

第 6 章图

第7章　新型石墨烯基自旋传感器件的应用与展望

7.1　石墨烯自旋传感器件

近十年来，以石墨烯、二维过渡金属硫化物(TMD)、黑磷为代表的低维材料在二维自旋电子学研究中取得了突破性进展，日益受到自旋电子学领域的关注。与使用传统磁性材料的传统自旋电子学相比，二维自旋电子学具有原子级厚度(抑制短沟道效应，促进器件小型化)、平面结构(易于加工、集成)、柔性(质轻便携、可穿戴)、带隙可调(静态损耗低，可降低功耗)、高迁移率(高速)等多项优势，将相关器件推向二维极限的同时，还具有门可控、化学可调等特点。此外，二维信道中长距离自旋传输允许以低功耗进行信号调制，因此发展基于二维材料的低维自旋电子学，为电子器件的发展带来了新的视角。

自旋注入是二维材料自旋电子器件应用的关键。一种简单的解决方案是在二维材料中产生磁性，从而获得自旋极化状态。以上章节皆是由此思想展开的讨论。此外，许多其他自旋注入的方法也被提出，最吸引人的就是电学注入方法。

电学注入方法是使通过磁性电极将自旋极化的电流注入二维材料中，在器件中相较于磁性工程更为常见和实用。过去通过铁磁电极往半导体材料中注入自旋极化电流，因存在电导率失配的问题而导致自旋极化率很低。有研究提出，通过加入隧道势垒(如氧化铝、氧化镁等金属氧化物薄膜)实行自旋隧穿注入，可以有效地避免这一问题。图7-1为典型的石墨烯基自旋传感器件示意图[144]，钴(Co)电极产生自旋极化电流，以二氧化钛(TiO_2)薄膜作为隧穿层材料，通过隧穿注入自旋的方式，将自旋电流注入石墨烯中，制备成基本的石墨烯自旋电子传感器件。图 7-2 为另一石墨烯基自旋传感器件，通过施加不同的磁场方向，使石墨烯通道中的自旋磁阻发生变化，从而形成了石墨烯自旋阀式的自旋传感器件[145]。

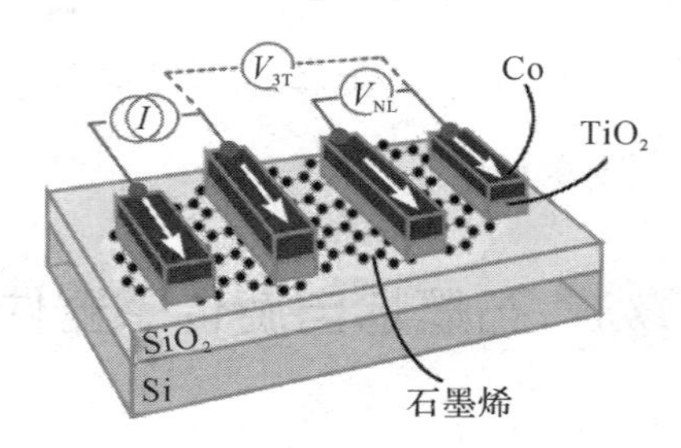

(a) 石墨烯自旋传感器件电路示意图

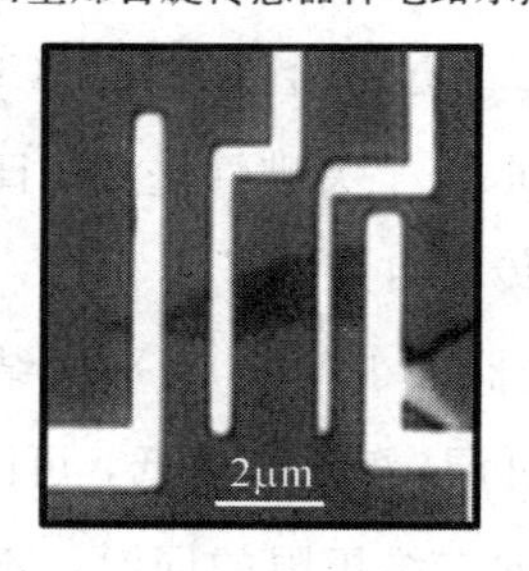

(b) 自旋传感器件的光学显微镜图像

图 7-1　石墨烯基自旋传感器件示意图[144]

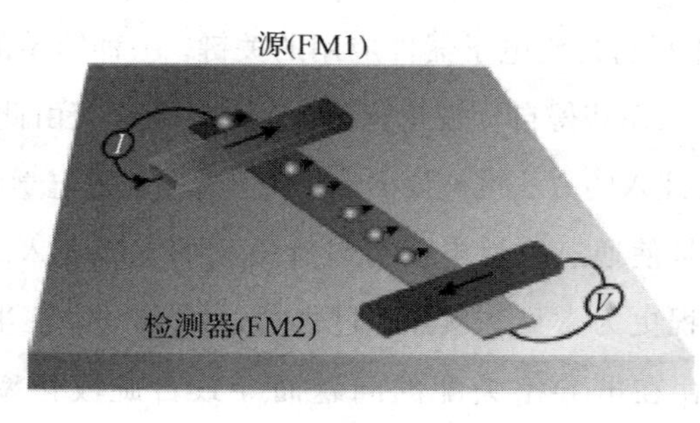

(a) 非局域自旋注入检测装置

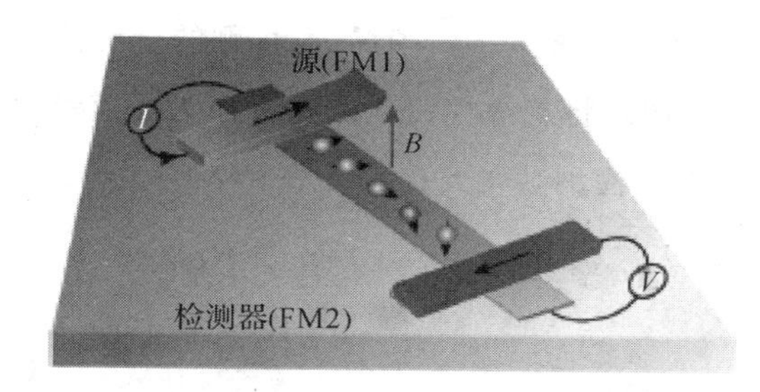

(b) 垂直磁场中自旋进动电探测

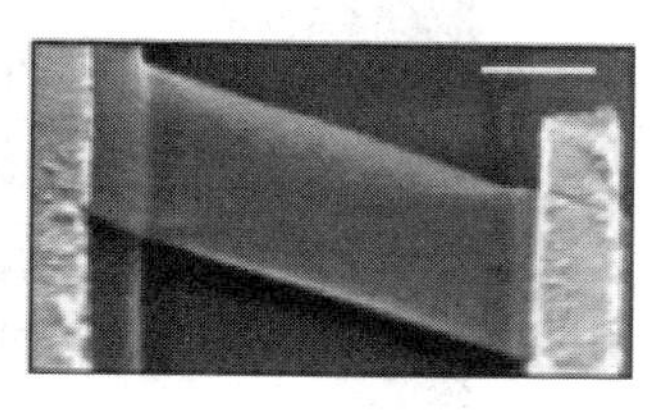

(c) 悬浮石墨烯器件扫描电子显微镜图像

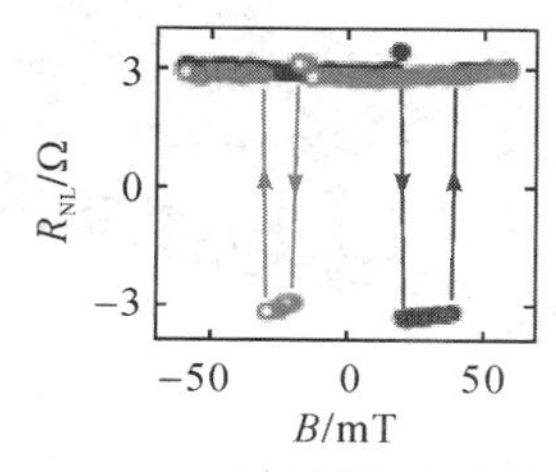

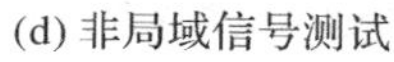

(d) 非局域信号测试

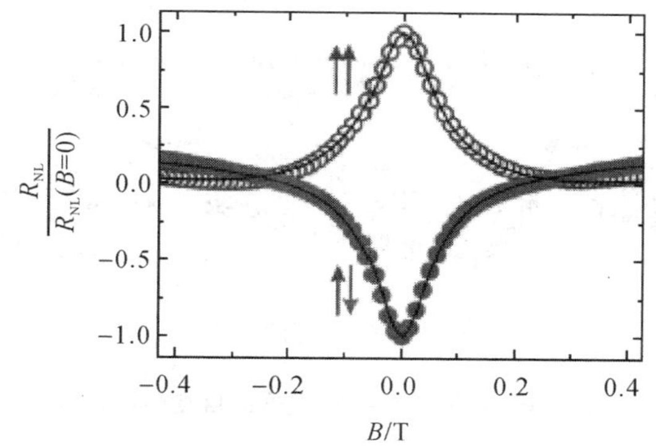

(e) 电极磁化平行和反平行方向下的自旋进动电测量

图 7-2　石墨烯基自旋传感器件对磁各向异性的自旋传感示意图[145]

7.2 新型石墨烯-氮化硼异质结自旋传感器件

由于隧道势垒面临着生长技术的局限性，使用隧道势垒的材料会出现不均匀、存在小孔等问题，而在自旋器件中引入二维绝缘材料六方氮化硼(h-BN)作为隧道势垒材料，相较于传统的、与石墨烯晶格匹配率较低的金属氧化物，在提高石墨烯自旋注入效率方面取得了巨大的成功。瑞典查尔姆斯大学 Saroj

P. Dash 教授团队，论述了一种基于石墨烯-氮化硼的自旋传感器件，如图 7－3 和图 7－4 所示[146-148]。通过将绝缘性氮化硼材料作为隧道势垒，在室温下就可以实现高效地自旋注入和检测，大大提高了铁磁性自旋注入器 / 检测器电极的检测效率。

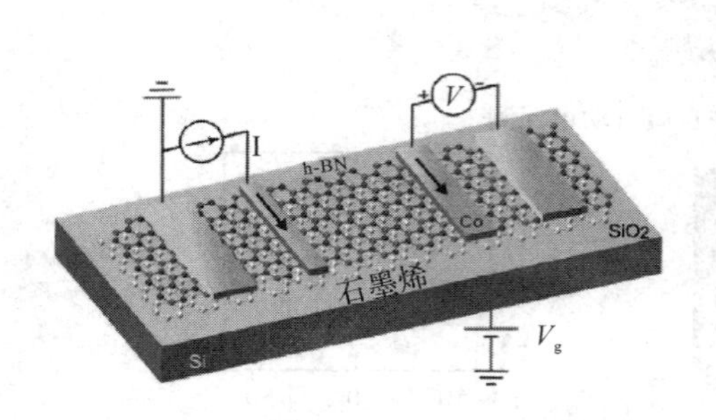

(a) 传感器电路测试示意图

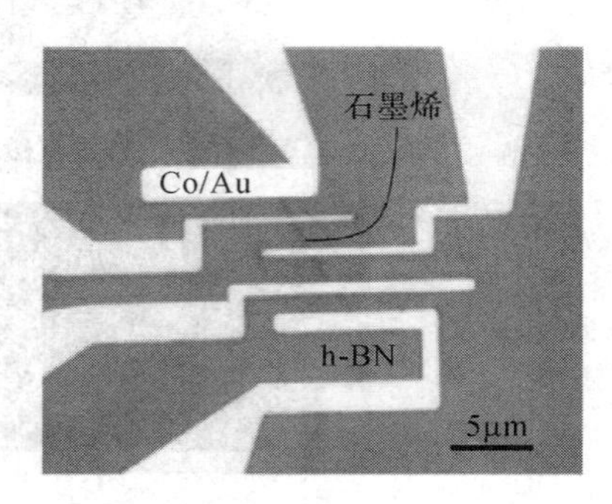

(b) 器件光学显微镜图

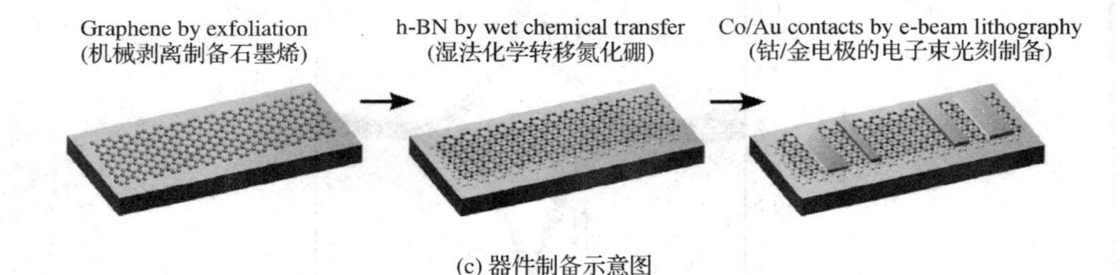

(c) 器件制备示意图

图 7－3　石墨烯-氮化硼范德华异质结自旋传感器件[148]

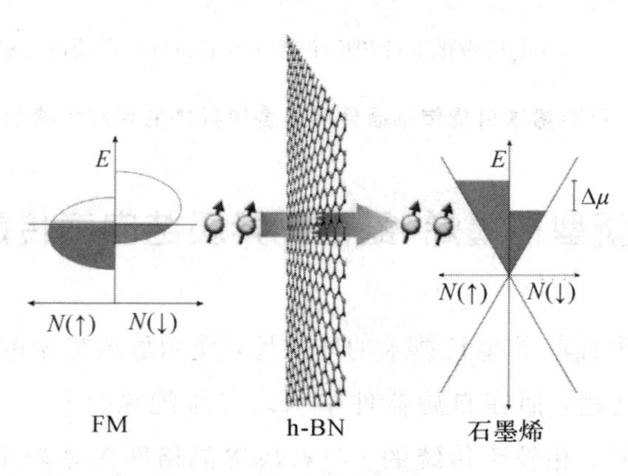

(a) 石墨烯自旋电子学的六方氮化硼(h-BN)隧道势垒

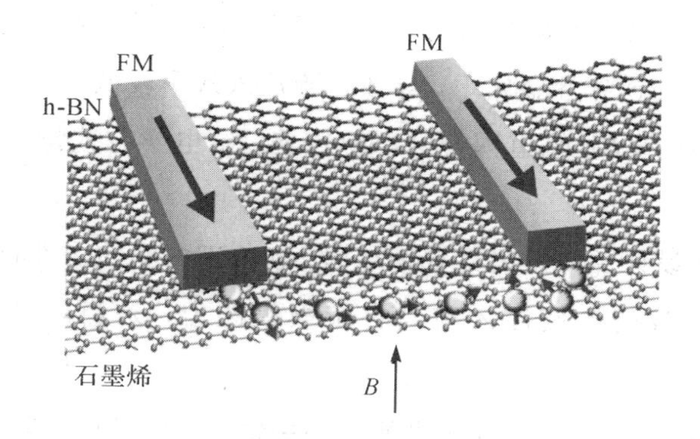

(b) 自旋极化电子通过原子注入石墨烯的示意图

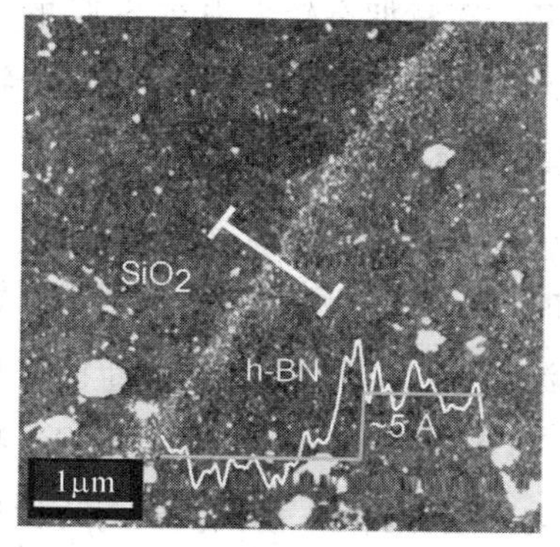

(c) 转移到Si/SiO_2衬底上的CVD h-BN层的原子力显微镜图像

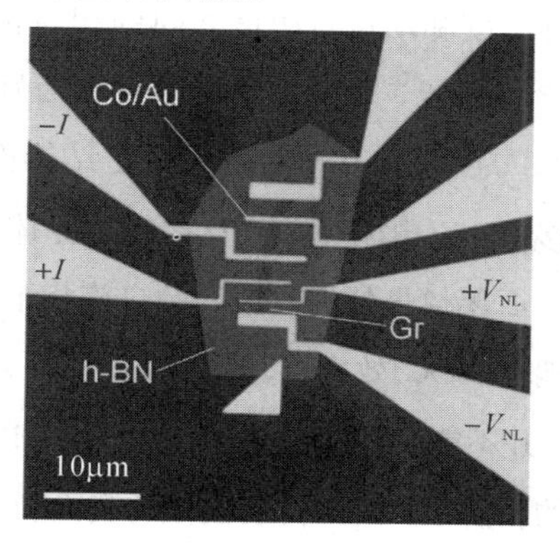

(d) 多端自旋传感器件的彩色光学显微镜图像

图 7－4 石墨烯-氮化硼范德华异质结自旋传感器件隧穿注入示意图[146]

图 7－4(d)显示了被 h-BN 隧道势垒覆盖的石墨烯异质结和电子束光刻图案的铁磁钴电极。

7.3 新型二维过渡金属硫化物-石墨烯异质结自旋传感器件

尽管近年来，基于石墨烯材料的自旋注入与输运研究取得了长足的进展，但将其应用于自旋电子领域仍然存在两大主要问题：

(1) 铁磁性金属与石墨烯的电导率不匹配，注入石墨烯自旋通道中的自旋电流又重新回流到铁磁性金属中，导致自旋注入效率较低。

(2) 石墨烯的自旋-轨道耦合(SOC)较弱，给电学方式操纵自旋信号带来困难。

因此，如何设计并开发出具有新结构、新物理内涵的二维石墨烯自旋电子器件，以实现高效的自旋注入与高自旋操纵能力，是当前亟待解决的关键问题。

自旋-轨道耦合是提升自旋操纵能力的关键。自旋-轨道耦合描述了电子自旋自由度和动量自由度之间的相对论性相互作用，探索拥有较大内在 SOC 的二维(2D)系统，对于电学操纵自旋信号意义重大。半导体层状过渡金属双卤化合物(TMD)由于具有丰富的 d 电子结构而具有较强的自旋-轨道耦合。然而，受限于迁移率小、电阻率大，直接将半导体 TMD 应用在自旋电子学中十分有限。

石墨烯虽然拥有较高的自旋相干扩散长度和自旋弛豫时间，但其本征自旋-轨道耦合(SOC)效应极其微弱，即使注入了自旋电流，不同的极化电子仍处于简并状态，并不能实现高极化的载流子传输。在低维度下，SOC 效应大大增强，出现了物质的新阶段，例如自旋极化的表面和界面态。在表面或界面处，空间反演对称性被破坏，并且所产生的电场与运动电子的自旋耦合，产生了自旋分裂。根据 Edelstein 或逆 Edelstein 效应，在费米面具有螺旋自旋极化分布的 Rashba 表面和拓扑表面状态可以实现自旋电流和电荷电流之间的转换，从而实现自旋注入[149]。

二维材料堆叠的范德华异质结结构有望解决这一问题。与普通的合成工艺相比，堆垛技术可实现原子级精度、可自由控制的二维(2D)堆垛结构。通过适当的调制手段(如磁近邻、近邻诱导 SOC 等)，只需操纵几个因素(重叠面积、层间距离、扭曲角度等)，便可以实现新奇的物理特性。理论上，由 D'yakonov - Perel机制，具有反演对称破缺体系下的自旋-轨道耦合，其载流子自旋寿命和动量弛豫时间成反比，有利于实现电场对自旋的直接控制。因此，构筑具有反演对称破缺体系的范德华异质结界面，不仅可以充分发挥石墨烯自旋输运通道和 TMD 材料各自的优势，还有望实现电学方式操纵自旋。

为了打破简并的电子能态，可以利用具有强 SOC 的二维材料与石墨烯组成异质结，通过界面 Edelstein 效应实现自旋注入。过渡金属硫化物的自旋-轨道耦合(SOC)较高，可以与石墨烯形成垂直异质结来增强石墨烯的自旋-轨道(SOC)耦合强度。2017 年，瑞典查尔姆斯理工大学的 Saroj P. Dash 教授团队，构建了石墨烯与二硫化钼 MoS_2 的垂直异质结[150-151]，在栅压调控下，石墨烯-二硫化钼的势垒高度发生变化，使得 MoS_2 与石墨烯之间的自旋传输可实现导通和高阻抗两种状态，进而导致石墨烯通道中自旋的关态和开态。这是从实验上首次证明了电场调控自旋晶体管的可行性，如图 7-5 和图 7-6 所示。具体的，通过与二硫化钼的紧密接触，石墨烯的自旋信号和寿命小幅度减少，但是却实现了在异质结上施加栅极电压来控制信号和寿命。这是因为当施加电压时，在称为肖特基势垒的材料层之间存在的能量势垒减小。由此，电子可以从石墨烯隧穿到二硫化钼中。这导致自旋极化消失，自旋变成随机分布。以这种方式通过调节电压来打开或关闭“阀门”，类似于常规电子设备中晶体管的工作原理。

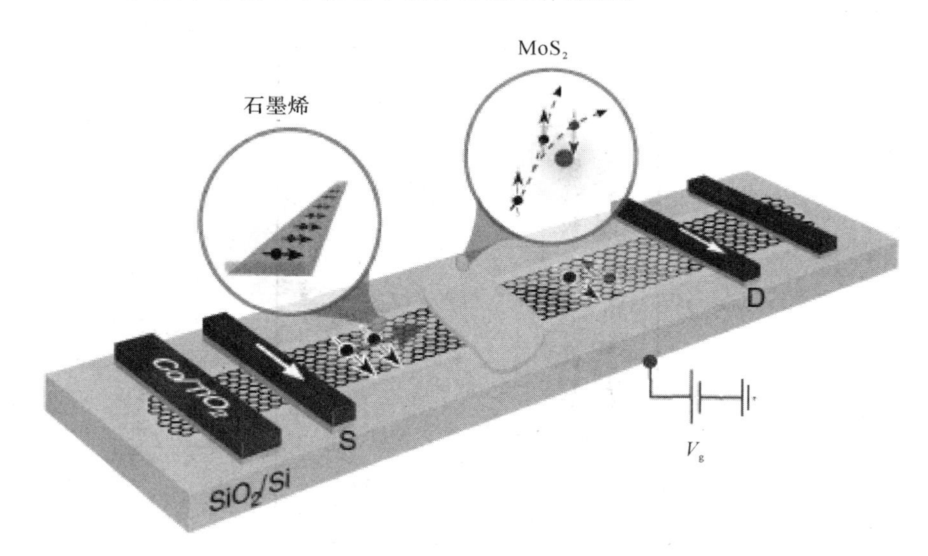

(a) 具有FM源(S)和漏极(D)接点的石墨烯-MoS_2异质结通道示意图

(b) 用CVD石墨烯/MoS_2异质结通道和TiO_2(1 nm)/Co(80 nm)的多个FM隧道接触制备的器件的彩色扫描电子显微镜图像

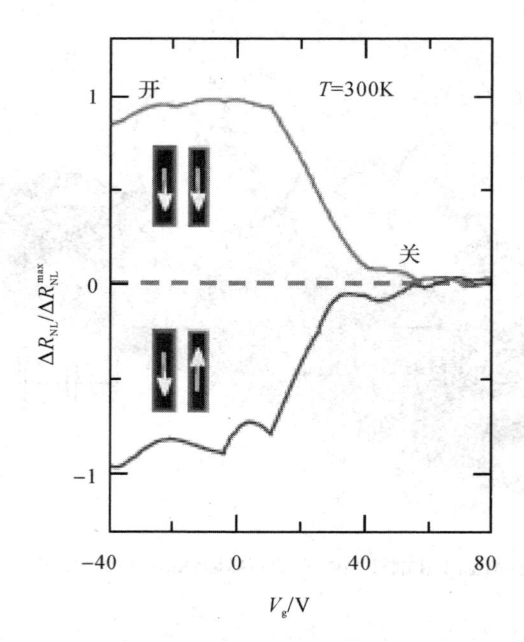

(c) 测量到的NL电阻的栅极依赖性，显示晶体管样的ON/OFF自旋信号在室温下调制，源极和漏极的平行和反平行磁化对准

图 7－5　栅压控制下的石墨烯-二硫化钼异质结自旋电子器件[150]

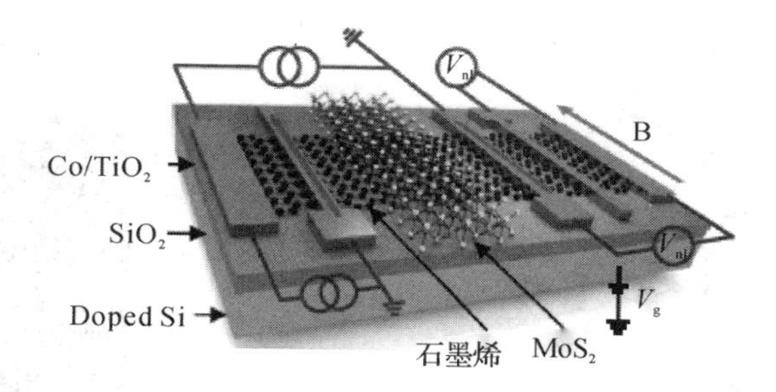

(a) 用于切换自旋输运的二维vdW异质结及测试电路示意图

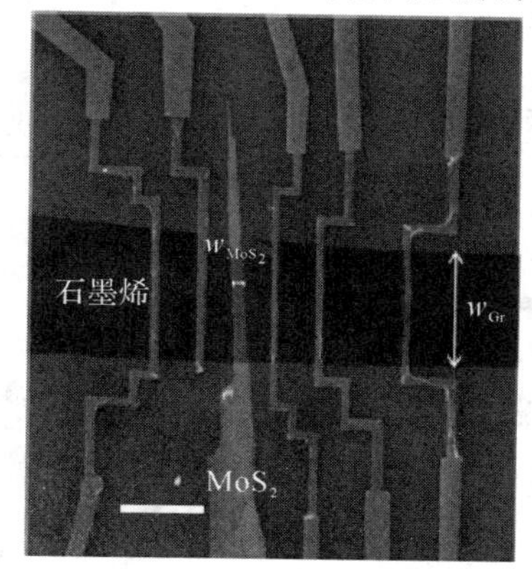

(b) LSV器件的伪色SEM图像

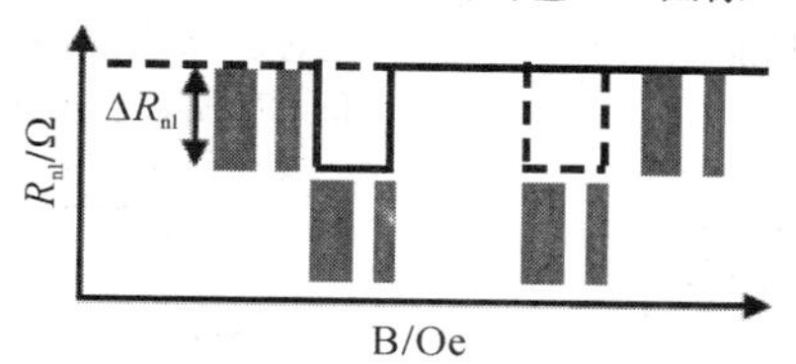

(c) 典型的非局部磁阻测量，其中，对于Co电极的平行和反平行磁化方向，非局部电阻R_{nl}在RP和RAP之间切换

图 7-6　石墨烯-二硫化钼垂直异质结自旋电子器件[151]

图 7-7(a)为石墨烯与另一种过渡金属硫化物二碲化钼形成的异质结自旋传感器件[152]，该器件的工作原理为石墨烯-$MoTe_2$ 异质结可在室温条件下产生巨大的近邻诱导自旋电偶效应。由于 Rashba-Edelstein 效应(REE)［见图 7-7(c)］，应用具有这种自旋结构的电场有望产生自旋积累，反之自旋积累可以转化为电荷电流(I_{REE})。

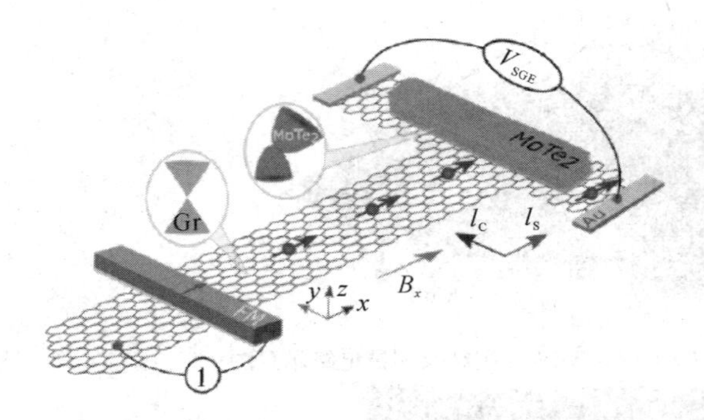

(a) Si/SiO_2衬底上石墨烯-$MoTe_2$异质结构、石墨烯上的铁磁(FM)和非磁性(Ti/Au)接触的自旋电子器件原理图

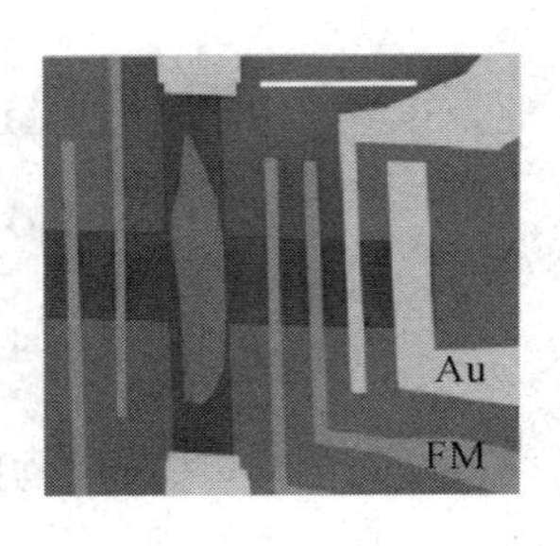

(b) 扫描电子显微镜图像

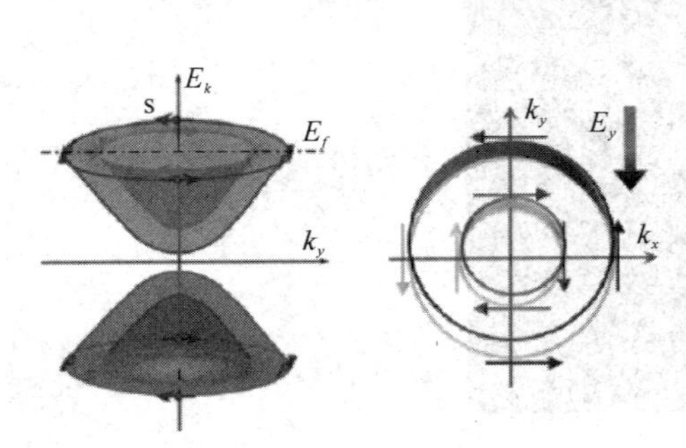

(c) $MoTe_2$异质结构修饰石墨烯能带示意图

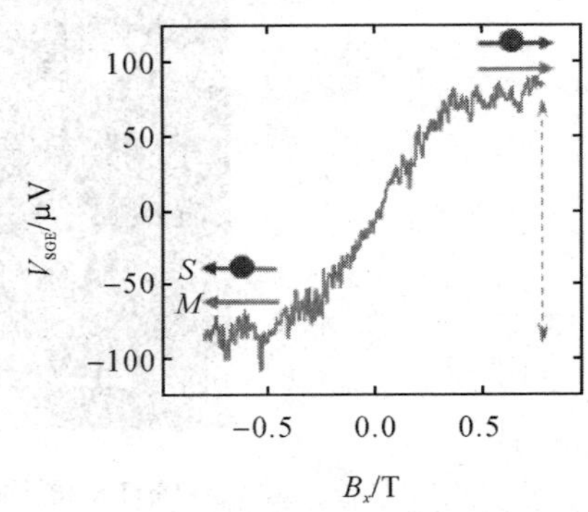

(d) 通过从FM向石墨烯-$MoTe_2$异质结构区域注入自旋电流(I_s)，测量非局域电压(V_{SGE})信号

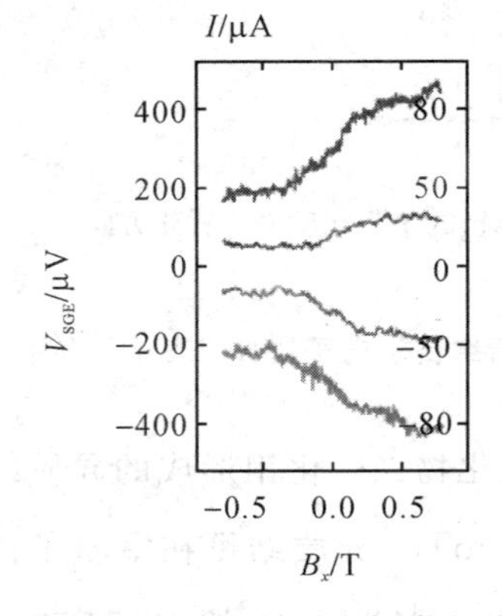

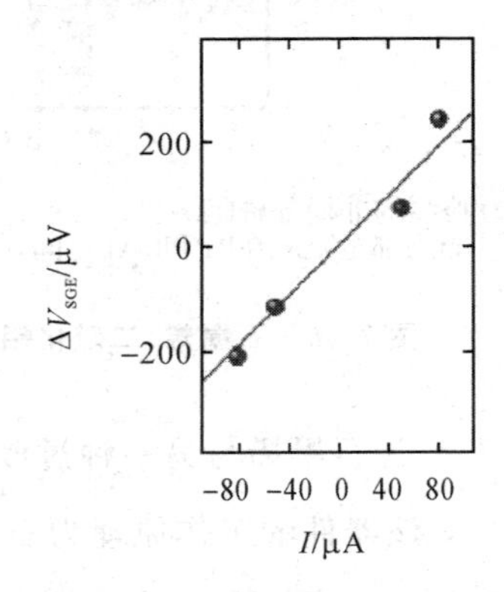

(e) 在Dev1中测量到的V_{SGE}信号的偏置依赖性及其幅值ΔV_{SGE}作为偏置电流的函数

图 7-7　石墨烯-$MoTe_2$ 异质结在室温下的巨大近距离诱导自旋电偶效应[152]

通过从FM向石墨烯-$MoTe_2$异质结区域注入自旋电流(I_s)，即可测量I_{REE}导致SGE产生的非局域电压(V_{SGE})信号。如图7-7(d)所示，在室温下，通过沿x轴(B_x)扫描磁场来测量V_{SGE}的变化，$I=80\ \mu A$，门电压$V_g=-10\ V$。测量到的V_{SGE}信号的偏置依赖性及其幅值ΔV_{SGE}作为偏置电流的函数，如图7-7(e)和(f)所示。

7.4 新型石墨烯基微纳自旋传感器件

最近，研究人员报道了石墨烯与半金属赫斯勒合金$Co_2Fe(Ge_{0.5}Ga_{0.5})$(CFGG)形成的异质结新型自旋传感器件[153]，有望在不损害电导率的情况下提供较大的磁阻效应，这可以为下一代高速、低功耗的存储和内存技术铺平道路。其通过在磁控溅射单晶CFGG薄膜上进行超高真空化学气相沉积，证明了这种材料完全覆盖高质量单层石墨烯的生长。通过深度分辨X射线磁性圆二色性光谱显示了单层石墨烯的准自立性质和CFGG在单层石墨烯-CFGG界面处的强磁性。最后，辅以密度泛函理论(DFT)计算，表明单层石墨烯和CFGG的固有电子性质(例如线性Dirac能带和半金属能带结构)保留在界面附近，如图7-8所示。这些令人兴奋的发现表明，单层石墨烯-CFGG异质结相对于其他报道的石墨烯-铁磁体异质结具有独特的优势，可以在基于石墨烯的垂直自旋阀和其他先进的自旋电子器件中实现高自旋极化电子的有效传输。然而，由于缺乏石墨烯-铁磁体异质结，未能证明基于石墨烯的垂直自旋阀功能。

图7-8(a)～(c)为MgO(001)衬底上SLG/CFGG异质结的RHEED图像。图7-8(d)和(e)为在CFGG表面上生长的SLG的代表性STM图像。

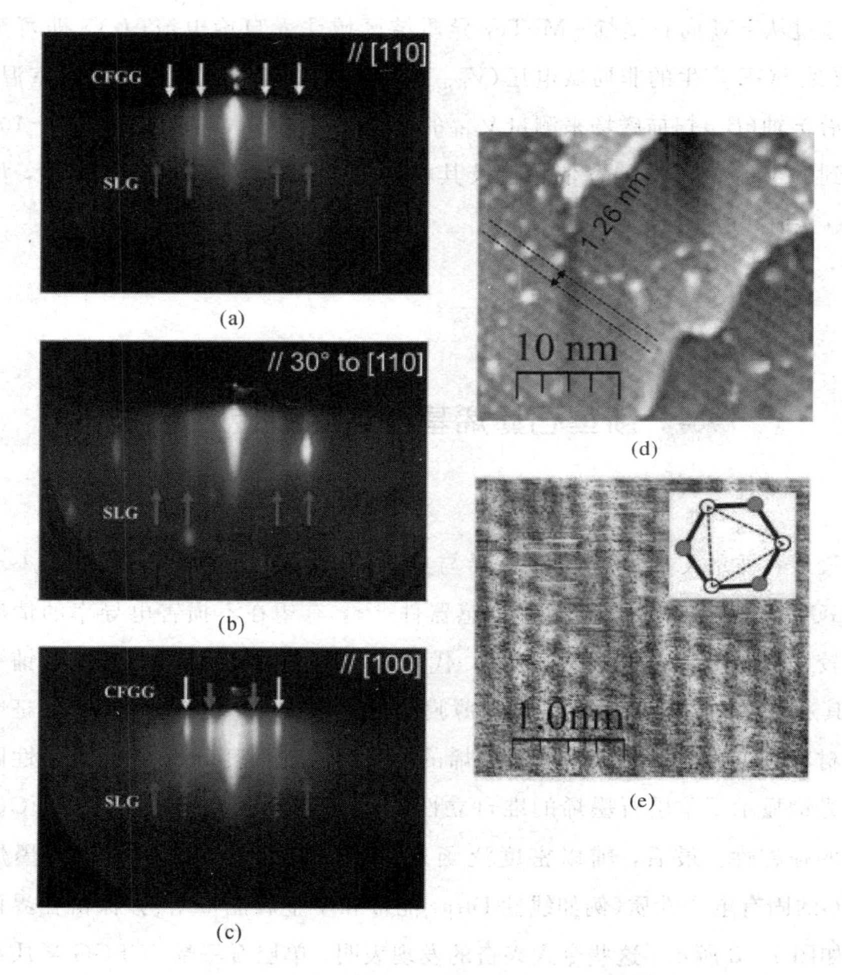

图 7-8　单晶 MgO(001)衬底上制备 SLG / CFGG 异质结构[153]

图 7-9 为最新研究的石墨烯自旋电路，其在硅片上实现了多路 CVD 法制备的石墨烯自旋传感通道结合，进一步扩展了二维石墨烯自旋电路的应用范围。

图 7-9(a)所示电路的功能包括自旋注入、输运、石墨烯自旋传感和纳米磁体的磁化动力学；图 7-9(b)所示电路显示了由电子束光刻定义的带有铁磁性 TiO_2/Co(黄色)隧道接触和非磁性 Ti/Au(橙色)参考接触的 CVD 石墨烯通道。铁磁元件用于注入和检测石墨烯电路中的自旋极化电流。

(a) 由多个纳米磁元件与石墨烯通道相连组成的石墨烯自旋电路

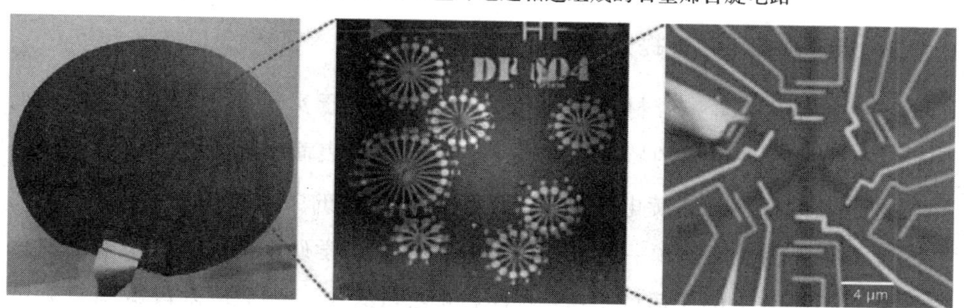

(b) SiO_2/Si衬底上的CVD石墨烯薄片上的纳米自旋电路

图 7－9　石墨烯自旋电路[154]

7.5 石墨烯基自旋传感器件的总结与展望

二维材料为自旋电子学的发展提供了广阔的前景，基于二维材料的自旋电子器件日益受到自旋电子学领域的关注。本书基于石墨烯自旋传感器件化的几个基本问题，讨论了石墨烯自旋电子学的最新进展和未来的机遇与挑战。

1. 石墨烯-TMD范德华异质结自旋电子器件

由于铁磁性金属的电导率与石墨烯的电导率不匹配，导致传统意义上非磁性石墨烯的自旋注入效率较低。如何在石墨烯-TMD范德华异质结中实现电荷-自旋转换，从根本上提升非磁性石墨烯的自旋注入效率是未来重要的发展方向。

2. 石墨烯自旋-轨道耦合(SOC)

石墨烯的自旋-轨道耦合(SOC)较弱，给电学方式操控自旋信号带来困难。如何开发出高电学操控自旋能力的低维自旋电子器件是石墨烯自旋传感器件拟解决的另一个关键科学问题。为了提升自旋操控能力，需提高自旋-轨道耦合作用。因此，建立基于自旋-轨道耦合提升的物理模型，并通过实验来验证电学方式操控石墨烯自旋信号的能力是未来石墨烯电子学领域的重要研究内容之一。

3. 器件制备工艺的提升

研究结果表明，二维材料表面和异质结界面对于实现SOC效应至关重要。因此，努力改进现阶段的器件制备工艺，提高材料表面和界面质量，并进一步探索基于二维材料的自旋电子器件是当前亟待解决的关键技术之一。

此外，自旋弛豫问题一直是二维材料自旋电子学研究的重点，是解决自旋输运和自旋操控之间矛盾的关键。h-BN封装和退火工艺是现阶段减弱自旋弛豫的最好方案，但自旋弛豫的机制仍未达成共识，进一步探索自旋弛豫的微观图景仍然十分必要。值得注意的是，二维材料家族还在不断壮大，各类性质的二维材料不断出现。除了传统的二维材料，关注新型二维材料对于自旋电子学的研究和应用也具有重要的意义。

第7章图

参考文献

[1] WOLF S A, BUHRMAN R A, ROUKES M L. Spintronic: A spin - based electronics vision for the future. Science, 2001, 294: 1488 - 1495.

[2] BAIBICH M N, BROTO J M, FERT A F, et al. Giant magnetoresistance of (001) Fe / (001) Cr magnetic superlattices. Physical Review Letters, 1988, 61(21): 2472 - 2475.

[3] BINASCH G, GRÜNBERG P, SAURENBACH F, et al. Enhanced magnetoresistance in layered magnetic structures with antiferromagnetic interlayer exchange. Physical Review B Condens Matter, 1989, 39(7): 4828 - 4830.

[4] FERT A. Origin, development, and future of spintronics (Nobel Lecture). Angewandte Chemie International Edition, 2008, 47: 5956 - 5967.

[5] LI X, YANG J. Bipolar magnetic materials for electrical manipulation of spin - polarization orientation. Physical Chemistry Chemical Physics, 2013, 15(38):15793 - 15801.

[6] WANG Z F, JIN S, LIN F. Spatially separated spin carriers in spin - semiconducting graphene nanoribbons. Physical Review Letters, 2013, 111(9): 096803.

[7] WANG X L, DOU S X, ZHANG C. Zero - gap materials for future spintronics, electronics and optics. Npg Asia Materials, 2010, 2(1): 31 - 38.

[8] GROOT R A, MUELLER F M, ENGEN P G, et al. New class of materials: half - metallic ferromagnets. Physical Review Letters, 1983, 50: 2024.

[9] SON Y W, COHEN M L, LOUIE S G. Half - metallic graphene nanoribbons. Nature, 2006, 444(7117): 347 - 9.

[10] DU Y, LIU H, XU B, et al. Unexpected magnetic semiconductor behavior in zigzag phosphorene nanoribbons driven by half - filled one dimensional band. Scientific Reports, 2015, 5: 8921.

[11] CHANG H Y, YANG S, LEE J, et al. High - performance, highly bendable MoS2 transistors with high - k dielectrics for flexible low - power systems. Acs Nano, 2015, 7(6): 5446 - 5452.

[12] LIU X, HU J, YUE C, et al. High performance field - effect transistor based on multilayer tungsten disulfide. acs nano, 2014, 8(10): 10396 - 10402.

[13] HAN W, KAWAKAMI R K, GMITRA M, et al. Graphene spintronics. Nature Nanotechnology, 2014, 9(10): 794 - 807.

[14] NETO A, GUINEA F, PERES N, et al. The electronic properties of graphene. Reviews of Modern Physics, 2009, 81: 109 - 162.

[15] GEIM A K, NOVOSELOV K S. The rise of graphene. Nature Materials, 2007, 6: 183 - 191.

[16] HUERTAS- HERNANDO D, GUINEA F, BRATAAS A. Spin - orbit coupling in curved graphene, fullerenes, nanotubes, and nanotube caps. Physical Review B, 2006, 74(15): 155426.

[17] TRAUZETTEL B, BULAEV D V, LOSS D, et al. Spin qubits in graphene quantum dots. Nature Physics, 2007, 3(3): 192 - 196.

[18] MIN H, HILL J E, SINITSYN N A, et al. Intrinsic and Rashba spin - orbit interactions in graphene sheets. Physical review B, 2006, 74(16): 165310.

[19] DU A, SANVITO S, SMITH S. First - Principles prediction of metal - Free magnetism and intrinsic half - metallicity in graphitic carbon nitride. Physical Review Letters, 2012, 108: 197207.

[20] CHEN X, SHEHZAD K, GAO L, et al. Graphene hybrid structures for integrated and flexible optoelectronics. Advanced Materials, 2019: 1902039.

[21] ZHANG Z, LIN P, LIAO Q, et al. Graphene-based mixed-dimensional Van Der waals heterostructures for advanced optoelectronics. Advanced Materials, 2019, 31 (37): 1806411.

[22] GUO Y, XU K, WU C, et al. Surface chemical - modification for engineering the intrinsic physical properties of inorganic two - dimensional nanomaterials. Chemical Society Reviews, 2015, 44: 637 - 646.

[23] FERNÁNDEZ- ROSSIER J, PALACIOS J J. Magnetism in graphene nanoislands. Physical Review Letters, 2007, 99(17): 177204.

[24] WEI L W, SHENG M, EFTHIMIOS K. Graphene nanoFlakes with large spin. Nano Letters. 2008, 8(1): 241 - 5.

[25] WANG W L, YAZYEV O V, MENG S, et al. Topological frustration in graphene nanoflakes: magnetic order and spin logic devices. Physical Review Letters, 2009,

102(15)：157201.

[26] NOVOSELOV K S, GEIM A K, MOROZOV S V, et al. Two - dimensional gas of massless dirac fermions in graphene. Nature, 2005, 438：197 - 200.

[27] ROZHKOV A V, SBOYCHAKOV A O, RAKHMANOV A L, et al. Electronic properties of graphene - based bilayer systems. Physics Reports, 2016, 648(23)：1 - 104.

[28] NOVOSELOV K S, JIANG Z, ZHANG Y, et al. Room - temperature quantum hall effect in graphene. Science, 2007, 315(5817)：1379.

[29] GIRIT C O, MEYER J C, ERNI R, et al. Graphene at the edge：stability and dynamics. Science, 2009, 323(5922)：1705 - 1708.

[30] JIA X, HOFMANN M, MEUNIER V, et al. Controlled formation of sharp zigzag and armchair edges in graphitic nanoribbons. Science, 2009, 323(27)：1701 - 5.

[31] WAKABAYASHI K, FUJITA M, AJIKI H, et al. Electronic and magnetic properties of nanographite ribbons. Carbon Based Magnetism, 2006, 59(12)：279 -304.

[32] NAKADA K, FUJITA M, DRESSELHAUS G, et al. Edge state in graphene ribbons：Nanometer size effect and edge shape dependence. Physical review B Condensed matter, 1997, 54(24)：17954 - 17961.

[33] SON Y, COHEN M, LOUIE S. Energy gaps in graphene nanoribbons. Physical review letters, 2006,97：216803.

[34] ACIK M, CHABAL Y J. Nature of graphene edges：a review. Japanese Journal of Applied Physics, 2013, 50(7)：913 - 919.

[35] WEYMANN I, BARNAS J, KROMPIEWSKI S. Manifestation of the shape and edge effects in spin - resolved transport through graphene quantum dots. Physical Review B Condensed Matter, 2012, 85(20)：2501 - 2505.

[36] FUJITA M, WAKABAYASHI K, NAKADA K, et al. Peculiar localized state at zigzag graphite edge. Journal of the Physical Society of Japan, 1996, 65(7)：1920 - 23.

[37] DEAN C R,YOUNG A F, MERIC I, et al. Boron nitride substrates for high - quality graphene electronics. Nature Nanotechnology, 2010, 5：722 - 726.

[38] LEE Y L, KIM S, PARK C, et al. Controlling half - metallicity of graphene nanoribbons

by using a ferroelectric polymer. American Chemical Society Nanotechnology, 2010, 4: 1345 - 1350.

[39] ZHANG Y, TANG T T, GIRIT C, et al. Direct observation of a widely tunable bandgap in bilayer graphene. Nature, 2009, 459(7248): 820 - 823.

[40] BAI J, XING Z, SHAN J, et al. Graphene nanomesh. Nature Nanotechnology, 2010, 5(3): 190 - 194.

[41] BRITNELL L, GORBACHEV R V, JALIL R, et al. Field - effect tunneling transistor based on vertical graphene heterostructures. Science, 2012, 335: 947 - 950.

[42] EZAWA M. Generation and manipulation of spin current in graphene nanodisks: robustness against randomness and lattice defects. Physica E: Low - dimensional Systems and Nanostructures, 2010, 42(4): 703 - 706.

[43] YAZYEV O V, WANG W L, MENG S, et al. Comment on graphene nanoflakes with large spin: broken - symmetry states. Nano Letters, 2008, 8(2): 766.

[44] DIAS J R. Concealed coronoid hydrocarbons with enhanced antiaromatic circuit contributions as models for schottky defects in graphenes. Open Organic Chemistry Journal, 2011, 5(1): 112 - 116.

[45] MOTOHIKO E. Metallic graphene nanodisks: Electronic and magnetic properties. Physical Review B Condensed Matter, 2007, 76(24): 4692 - 4692.

[46] YU S, ZHENG W, WANG C, et al. Nitrogen / boron doping position dependence of the electronic properties of a triangular graphene. Acs Nano, 2010, 4(12): 7619 - 29.

[47] SILVA A M, PIRES M S, FREIRE V N, et al. Graphene nanoflakes: thermal stability, infrared signatures, and potential applications in the field of spintronics and optical nanodevices. The Journal of Physical Chemistry C, 2010, 114(41): 17472 - 17485.

[48] SINGH A K, PENEV E S, YAKOBSON B I. Vacancy clusters in graphane as quantum dots. Acs Nano, 2010, 4(6): 3510.

[49] GUECLUE A D, POTASZ P, VOZNYY O, et al. Magnetism and correlations in fractionally filled degenerate shells of graphene quantum dots. Physical Review Letters, 2009, 103(24): 246805.

[50] POTASZ P, GÜÇLÜ A D, HAWRYLAK P. Zero - energy states in triangular and trapezoidal graphene structures. Physical Review B Condensed Matter, 2010,

81：033403.

[51] TESCH J，LEICHT P，BLUMENSCHEIN F，et al. Structural and electronic properties of graphene nanoflakes on Au(111) and Ag(111). Scientific Reports，2016，6：23439.

[52] FISCHER J，TRAUZETTEL B，LOSS D. Hyperfine interaction and electron - spin decoherence in graphene and carbon nanotube quantum dots. Physical Review B Condensed Matter，2009，80(15)：155401.

[53] YAZYEV O V，KATSNELSON M I. Magnetic correlations at graphene edges：basis for novel spintronics devices. Physical Review Letters，2008，100(4)：047209.

[54] KANE C L，MELE E J. Quantum spin hall effect in graphene. Physical Review Letters，2005，95：226801.

[55] KOBAYASHI Y，FUKUI K I，ENOKI T，et al. Edge state on hydrogen - terminated graphite edges investigated by scanning tunneling microscopy. Physical Review B，2006，73(12)：125415.

[56] LEE H，SON Y W，PARK N，et al. Magnetic ordering at the edges of graphitic fragments：Magnetic tail interactions between the edge-localized states. Physical review B Condensed Matter and Materials Physics，2005，72(17)：174431. 1 - 174431. 8.

[57] CHEN Z，LIN Y M，ROOKS M J，et al. Graphene nano - ribbon electronics. Physica E：Low - dimensional Systems and Nanostructures，2008，40(2)：228 - 232.

[58] LI X，WANG X，ZHANG L，et al. Chemically derived，ultrasmooth graphene nanoribbon semiconductors. Science，2008，319(5867)：1229 - 1232.

[59] HAN M Y，OEZYILMAZ B，ZHANG Y，et al. Energy band gap engineering of graphene nanoribbons. Physical Review Letters，2007，98(20)：206805.

[60] MUNOZ - ROJAS F，FERNANDEZ-ROSSIER J，PALACIOS J J. Giant magnetoresistance in ultrasmall graphene based devices. Physical Review Letters，2008，102(13)：136810.

[61] TOMBROS N，JOZSA C，POPINCIUC M，et al. Electronic spin transport and spin precession in single graphene layers at room temperature. Nature，2007，448：571 - 574.

[62] CHO S，CHEN Y F，FUHRER M S. Gate - tunable graphene spin valve. Applied Physics Letters，2007，91(12)：2694.

[63] HOD O, BARONE V, SCUSERIA G E. Half-metallic graphene nanodots: A comprehensive first - principles theoretical study. Physical review B Condensed Matter and Materials Physics, 2008, 77(3): 035411.1 - 035411.6.

[64] PONOMARENKO L A, SCHEDIN F, KATSNELSON M I, et al. Chaotic Dirac billiard in graphene quantum dots. Science, 2008, 320(5874): 356 - 358.

[65] LEHTINEN P O, FOSTER A S, MA Y, et al. Irradiation - Induced magnetism in graphite: A density functional study. Physical Review Letters, 2004, 93 (18): 187202.

[66] MAGDA G Z, JIN X, HAGYMASI I, et al. Room - temperature magnetic order on zigzag edges of narrow graphene nanoribbons. Nature, 2014, 514: 608 - 611.

[67] GONZALEZ - HERRERO H, GOMEZ - RODRIGUEZ J M, MALLET P, et al. Atomic - scale control of graphene magnetism by using hydrogen atoms. Science, 2016, 352(6284): 437 - 441.

[68] TANG G P, ZHOU J C, ZHANG Z H, et al. A theoretical investigation on the possible improvement of spin - filter effects by an electric field for a zigzag graphene nanoribbon with a line defect. Carbon, 2013, 60: 94 - 101.

[69] ZHANG Y, LI S Y, HUANG H, et al. Scanning tunneling microscopy of the π magnetism of a single carbon vacancy in graphene. Physical Review Letters, 2016, 117(16): 166801.

[70] AN B, FUKUYAMA S, YOKOGAWA K, et al. Single pentagon in a hexagonal carbon lattice revealed by scanning tunneling microscopy. Applied Physics Letters, 2001, 78(23): 3696 - 3698.

[71] NAIR R R, SEPIONI M, TSAI I L, et al. Spin - half paramagnetism in graphene induced by point defects. Nature Physics, 2011, 8(3): 199 - 202.

[72] CHEN J H, LI L, CULLEN W G, et al. Tunable Kondo effect in graphene with defects. Nature Physics, 2011, 7: 535 - 538.

[73] TUČEK J, HOLÁ K, BOURLINOS A B, et al. Room temperature organic magnets derived from sp3 functionalized graphene. Nature Communications, 2017, 8: 14525.

[74] YOON Y, JING G. Effect of edge roughness in graphene nanoribbon transistors. Applied Physics Letters, 2007, 91(7): 666.

[75] CERVANTES - SODI F, CSÁNYI G, PISCANEC S, et al. Edge - functionalized and substitutionally doped graphene nanoribbons: Electronic and spin properties. Physical Review B Condensed Matter, 2007, 77(16): 165427.

[76] KIM S S, KIM H S, KIM H S, et al. Conductance recovery and spin polarization in boron and nitrogen co - doped graphene nanoribbons. Carbon, 2015, 81: 339 - 346.

[77] PHILPOTT M R, KAWAZOE Y. Magnetism and structure of graphene nanodots with interiors modified by boron, nitrogen, and charge. Journal of Chemical Physics, 2012, 137(5): 054715.

[78] KAN E J, WU X, LI Z, et al. Half - metallicity in hybrid BCN nanoribbons. Journal of Chemical Physics, 2008, 129(8): 162.

[79] ZHENG F, GANG Z, LIU Z, et al. Half metallicity along the edge of zigzag boron nitride nanoribbons. Physical Review B, 2008, 78(20): 205415.

[80] MARTINS T B, MIWA R H, SILVA A J R D, et al. Electronic and transport properties of boron - doped graphene nanoribbons. Physical Review Letters, 2007, 98(19): 304 - 308.

[81] CHOI S M, JHI S H. Self-assembled metal atom chains on graphene nanoribbons. Physical Review Letters, 2008, 101(26): 207 - 210.

[82] LEVY M. Electron densities in search of Hamiltonians. Physical Review A, 1982, 26 (3): 1200 - 1208.

[83] KOHN W, SHAM L J. Self - consistent equations including exchange and correlation effects. Physical Review, 1965, 140(4): 1133.

[84] THOMAS L H. The calculation of atomic fields. Mathematical Proceedings of the Cambridge Philosophical Society, 1927, 23(5): 542 - 548.

[85] HOHENBERG P, KOHN W. Inhomogeneous electron gas. Physical Review, 1964, 136(3): 864 - 871.

[86] GROSS E K U, DREIZLER R M. Density Functional Theory: An Approach to the Many - Body Problem. 1990.

[87] JONES R O, GUNNARSSON O. The density functional formalism, its applications and prospects. Reviews of Modern Physics, 1989, 61(3): 689 - 746.

[88] HEYD J, SCUSERIA G E, ERNZERHOF M. Hybrid functionals based on a screened Coulomb potential. The Journal of Chemical Physics, 2006, 124: 8207 - 8215.

[89] HERRING C, HILL G E. The theoretical constitution of metallic beryllium. Physical Review, 1940, 58: 132 - 162.

[90] HAMALM D H, SCHLUTER M, CHIANG C. Norm - conserving pseudopotentials. Physical Review Letters,1979,43: 1494 - 1497.

[91] VANDERBILT D. Soft self - consistent pseudopotentials in a generalized eigenvalue formalism. Physical Review B Condensed Matter, 1990, 41(11): 7892.

[92] SHEN S P, WU J C, SONG J D, et al. Quantum electric - dipole liquid on a triangular lattice. Nature Communications, 2015, 7: 10569.

[93] YAZYEV O V. Emergence of magnetism in graphene materials and nanostructures. Reports on Progress in Physics, 2010, 73(5): 56501 - 16.

[94] FERNÁNDEZ - ROSSIER J, PALACIOS J J. Magnetism in graphene nanoislands. Physical Review Letters, 2007: 3865 - 3868.

[95] INADOMI Y, NAKANO T, KITAURA K, et al. Definition of molecular orbitals in fragment molecular orbital method. Chemical Physics Letters, 2002, 364(1): 139 - 143.

[96] NAKANO T, KAMINUMA T, SATO T, et al. Fragment molecular orbital method: application to polypeptides. Chemical Physics Letters, 2000, 318(6): 614 - 618.

[97] KITAURA K, SAWAI T, ASADA T, et al. Pair interaction molecular orbital method: an approximate computational method for molecular interactions. Chemical Physics Letters, 1999, 312(2 - 4): 319 - 324.

[98] KABIR M, SAHA - DASGUPTA T. Manipulation of edge magnetism in hexagonal graphene nanoflakes. Physical review B, 2014, 90(3): 035403.

[99] GE Y, JI J, SHEN Z, et al. First principles study of magnetism induced by topological frustration of bowtie - shaped graphene nanoflake. Carbon, 2018, 127: 432 - 436.

[100] LANDAUER R W. Irreversibility and heat generation in the computing process. Ibm Journal of Research and Development, 1961, 5(3): 183 - 191.

[101] GROOT R A D, MUELLER F M, ENGEN P G V, et al. New class of materials: half - metallic Ferromagnets. Physical Review Letters, 1983, 50(25): 2024 - 2027.

[102] PERDEW J P, BURKE K, ERNZERHOF M. Generalized gradient approximation made simple. Physical Review Letters, 1998, 77(18): 3865 - 3868.

[103] SANTOS H, AYUELA A, CHICO L, et al. Van der waals interaction in magnetic

bilayer graphene nanoribbons. Physical Review B, 2012, 85(24): 245430.

[104] MIN H, SAHU B R, BANERJEE S K, et al. Ab initio theory of gate induced gaps in graphene bilayers. Physical review B Condensed Matter, 2007, 75(15): 1418 - 1428.

[105] OHTA T, BOSTWICK A, SEYLLER T, et al. Controlling the electronic structure of bilayer graphene. Science, 2006, 313(5789): 951 - 954.

[106] OOSTINGA J, HEERSCHE H B, LIU X, et al. Gate - induced insulating state in bilayer graphene devices. Nature Materials, 2008, 7: 151 - 157.

[107] MAK K F, LUI C H, SHAN J, et al. Observation of an electric - field - induced band gap in bilayer graphene by infrared spectroscopy. Physical Review Letters, 2009, 102(25): 256405.

[108] CAO Y, FATEMI V, DEMIR A, et al. Correlated insulator behaviour at half - filling in magic angle graphene superlattices. Nature, 2018, 556: 80 - 84.

[109] CAO Y, FATEMI V, FANG S, et al. Unconventional superconductivity in magic - angle graphene superlattices. Nature, 2018, 556: 43 - 50.

[110] GRIMME S, EHRLICH S, GOERIGK L. Effect of the damping function in dispersion corrected density functional theory. Journal of Computational Chemistry, 2011, 32(7): 1456 - 1465.

[111] KIM G, JHI S H. Spin-polarized energy-gap opening in asymmetric bilayer graphene nanoribbons. Applied Physics Letters, 2010, 97(26): 263114.

[112] FANG S, KAXIRAS E. Electronic structure theory of weakly interacting bilayers. Physical Review B, 2016, 93(23): 235153.

[113] WATANABE K. Massive Dirac fermions and hofstadter butterfly in a Van Der Waals heterostructure. Science , 2013, 340: 1427 - 1430.

[114] DEAN C R, WANG L, MAHER P, et al. Hofstadter's butterfly and the fractal quantum hall effect in moiré superlattices. Nature, 2013, 497(7451): 598 - 602.

[115] SONG J C W, SHYTOV A V, LEVITOV L S. Electron interactions and gap opening in graphene superlattices. Physical Review Letters, 2013, 111(26): 266801.

[116] POTEMSKI M, GRIGORIEVA I V, NOVOSELOV K S, et al. Cloning of Dirac fermions in graphene superlattices. Nature, 2013, 497(7451): 594 - 597.

[117] MELE E J. Novel electronic states seen in graphene. Nature, 2018, 556(7699): 37 - 38.

[118] LIAO L, WANG H, PENG H, et al. Van hove singularity enhanced photochemical reactivity of twisted bilayer graphene. Nano Letters, 2015, 15: 5585-5589.

[119] YIN J, WANG H, PENG H, et al. Selectively enhanced photocurrent generation in twisted bilayer graphene with van hove singularity. Nature Communications, 2016, 7: 10699.

[120] STRATMANN R E, SCUSERIA G E, FRISCH M J. An efficient implementation of time-dependent density-functional theory for the calculation of excitation energies of large molecules. Journal of Chemical Physics, 1998, 109(19): 8218-8224.

[121] BECKE D A. Density-Functional thermochemistry Ⅲ. The role of exact exchange. Journal of Chemical Physics, 1998, 98(7): 5648-5652.

[122] LIU Z, MA L, GANG S, et al. In-plane heterostructures of graphene and hexagonal boron nitride with controlled domain sizes-SI. Nature Nanotechnology, 2013, 8: 119-124.

[123] KHARCHE N, NAYAK S K. Quasiparticle bandgap engineering of graphene and graphene on hexagonal boron nitride substrate. Nano Letters, 2011, 11(12): 5274-5278.

[124] LEVENDORF M P, KIM C J, BROWN L, et al. Graphene and boron nitride lateral heterostructures for atomically thin circuitry. Nature, 2012, 488(7413): 627-632.

[125] GARCIA A G F, NEUMANN M, AMET F, et al. Effective cleaning of hexagonal boron nitride for graphene devices. Nano Letters, 2013, 12(5): 4449.

[126] SI Z, ZHAO J. Two-dimensional B-C-O alloys: a promising class of 2D materials for electronic devices. Nanoscale, 2016, 8: 8910-8918.

[127] LIU Z M, ZHU Y, YANG Z Q. Half metallicity and electronic structures in armchair BCN-hybrid nanoribbons. The Journal of Chemical Physics, 2011, 134(7): 074708.

[128] MUCHHARLA B, PATHAK A, LIU Z, et al. Tunable electronics in large-area atomic layers of boron-nitrogen-carbon. Nano Letters, 2013, 13(8): 3476-3481.

[129] FAN X, SHEN Z, LIU A Q, et al. Band gap opening of graphene by doping small boron nitride domains. Nanoscale, 2012, 4: 2157-2165.

[130] CHANG C K, KATARIA S, KUO C C, et al. Band gap engineering of chemical

vapor deposited graphene by in situ BN doping. Acs Nano, 2013, 7(2): 1333-1341.

[131] CI L, SONG L, JIN C, et al. Atomic layers of hybridized boron nitride and graphene domains. Nature Materials, 2010, 9: 430-435.

[132] LU G, WU T, YANG P, et al. Synthesis of high-quality graphene and hexagonal boron nitride monolayer in-plane heterostructure on Cu - Ni Alloy. Advanced Science, 2017, 4(9): 1700076.

[133] HAN G H, RODRÍGUEZ - MANZO J A, LEE C W, et al. Continuous growth of hexagonal graphene and boron nitride in-plane heterostructures by atmospheric pressure chemical vapor deposition. Acs Nano, 2013, 7(11): 10129-10138.

[134] LIU L, PARK J, SIEGEL D A, et al. Heteroepitaxial growth of two-dimensional hexagonal boron nitride templated by graphene edges. Science, 2014, 343(6167): 163-167.

[135] WEI X, WANG M S, BANDO Y, et al. Electron - beam - induced substitutional carbon doping of boron nitride nanosheets, nanoribbons, and nanotubes. Acs Nano, 2011, 5(4): 2916-2922.

[136] BEPETE G, VOIRY D, CHHOWALLA M, et al. Incorporation of small BN domains in graphene during CVD using methane, boric acid and nitrogen gas. Nanoscale, 2013, 5(14): 6552-6557.

[137] XU J, JANG S K, LEE J, et al. The preparation of BN - Doped atomic layer graphene via plasma treatment and thermal annealing. Journal of Physical Chemistry C, 2014, 118(38): 22268-22273.

[138] AN Y, ZHANG M, WU D, et al. The rectifying and negative differential resistance effects in graphene / h-BN nanoribbon heterojunctions. Physical Chemistry Chemical Physics, 2016, 18: 27976-27980.

[139] DROST R, UPPSTU A, SCHULZ F, et al. Electronic states at the graphene-hexagonal boron nitride zigzag interface. Nano Letters, 2014, 14(9): 5128-5132.

[140] BHOWMICK S, SINGH A K, YAKOBSON B I. Quantum dots and nanoroads of graphene embedded in hexagonal boron nitride. Journal of Physical Chemistry C, 2011, 115(20): 9889-9893.

[141] GAO Y, ZHANG Y, CHEN P, et al. Toward single-layer uniform hexagonal boron

nitride-graphene patchworks with zigzag linking edges. Nano Letters，2013，13(7)：3439 - 3443.

[142] KRESSE G G，FURTHMÜLLER J J. Efficiency of ab-initio total energy calculations for metals and semiconductors using a plane-wave basis set-ScienceDirect. Computational Materials Science，1996，6(1)：15 - 50.

[143] KRESSE G G，FURTHMÜLLER J J. Efficient iterative schemes for ab Initio total - energy calculations using a plane-wave basis set. Physical review B Condensed matter，1996，54：11169 - 11186.

[144] DANKERT A，KAMALAKAR M V，BERGSTEN J，et al. Spin transport and precession in graphene measured by nonlocal and three - terminal methods. Applied Physics Letters，2014，104(19)：192403.

[145] ROCHE S，VALENZUELA S O. Graphene spintronics：puzzling controversies and challenges for spin manipulation. Journal of Physics D Applied Physics，2014，47 (9)：245 - 248.

[146] KAMALAKAR M V，DANKERT A，BERGSTEN J，et al. Enhanced tunnel spin injection into graphene using chemical vapor deposited hexagonal boron nitride. Scientific Reports，2014，4(6146)：6146.

[147] KAMALAKAR M V，DANKERT A，KELLY P J，et al. Inversion of spin signal and spin filtering in ferromagnet | hexagonal boron nitride-graphene Van Der Waals heterostructures. Reports，2016，6：21168.

[148] KAMALAKAR M V，DANKERT A，BERGSTEN J，et al. Spintronics with graphene - hexagonal boron nitride van der waals heterostructures. Applied Physics Letters，2014，105(21)：212405.

[149] LIU Y P，CHENG Z，ZHONG J H，et al. Spintronics in two-dimensional materials. Nano - Micro Letters，2020，12(07)：196 - 221.

[150] DANKERT A，DASH S P. Electrical gate control of spin current in van der waals heterostructures at room temperature. Nature Communications，2017，8：16093.

[151] YAN W，TXOPERENA O，LLOPIS R，et al. A two - dimensional spin field - effect switch. Nature Communications，2016，7：13372.

[152] HOQUE A M，KHOKHRIAKOV D，KARPIAK B，et al. All - electrical creation

and control of giant spin - galvanic effect in 1T - MoTe2 / graphene heterostructures at room temperature. Nature Communications，2019：1 - 11.

[153] LI S，LARIONOV K V，POPOV Z I，et al. Graphene/Half-Metallic heusler alloy：a novel heterostructure toward high-performance graphene spintronic devices. Advanced Materials，2020，32(6)：1905734.

[154] KHOKHRIAKOV D，KARPIAK B，HOQUE A M，et al. Two - dimensional spintronic circuit architectures on large scale graphene. Carbon，2020，161：892 - 899.